室内设计基础

（修订版）

[日本] 和田浩一 著

尹红力 刘云俊 曹鑫珏 姜延达 译

江苏凤凰科学技术出版社·南京

NIHON NO KENCHIKUKA KAIBOUZUKAN
©SATORU NIMURA 2019
Originally published in Japan in 2019 by X-Knowledge Co., Ltd.
Chinese (in simplified character only) translation rights arranged with
X-Knowledge Co., Ltd.

江苏省版权局著作权合同登记 图字：10-2022-518

图书在版编目（CIP）数据

室内设计基础 /（日）和田浩一著；尹红力等译
. -- 修订版 . -- 南京：江苏凤凰科学技术出版社，
2024.5
ISBN 978-7-5713-4044-5

Ⅰ. ①室… Ⅱ. ①和… ②尹… Ⅲ. ①室内装饰设计
Ⅳ. ① TU238.2

中国国家版本馆 CIP 数据核字（2024）第 026191 号

室内设计基础（修订版）

著　　　者	[日本] 和田浩一
译　　　者	尹红力　刘云俊　曹鑫珏　姜延达
特 约 策 划	和　风
项 目 策 划	凤凰空间 / 杜玉华
责 任 编 辑	赵　研　刘屹立
特 约 编 辑	窦晨菲

出 版 发 行	江苏凤凰科学技术出版社
出版社地址	南京市湖南路1号A楼，邮编：210009
出版社网址	http://www.pspress.cn
总 经 销	天津凤凰空间文化传媒有限公司
总经销网址	http://www.ifengspace.cn
印　　　刷	雅迪云印（天津）科技有限公司

开　　　本	710 mm×1000 mm　1 / 16
印　　　张	13.5
字　　　数	128 000
版　　　次	2024年5月第1版
印　　　次	2024年5月第1次印刷

标 准 书 号	ISBN　978-7-5713-4044-5
定　　　价	98.00元

图书如有印装质量问题，可随时向销售部调换（电话：022-87893668）。

第 1 章

室内设计的基础知识

第 2 章

建筑结构及各部位的工法

第3章

室内设计使用的材料及其表面处理

第 4 章

家具和门窗

第 5 章

设备

第6章

规划方案

第1章

室内设计的
基础知识

001

设计：MAZ设计事务所　照片提供：山本MARIKO

 要点　认识到"室内设计＝生活设计"
时刻不忘室内设计与人的关系

什么是室内设计

以人的行为作为前提考虑室内设计

空间基本由地面、墙壁和天花板构成。如果形状和比例不同，那么空间给人的印象就会大不一样。但是，被围绕起来的空间也不过就是个大箱子而已，在其中加入色彩、光线、材料和家具等元素，就是室内设计。然而，事情至此并未结束。无论是住宅还是店铺，都要通过人进入空间后与其产生互动，才算完成室内设计。也就是说，在做室内设计的过程中，必须时刻意识到人的存在。

基于这样的观点，我们所做的室内设计，关注的重点不能只是空间，还要对人的行为和场景进行设计。应该考虑的是，当人进入空间时，会看到什么景象、嗅到何种气味、听到怎样的声音、室内亮度如何、温度及湿度如何等。然后，再设想人对这些因素的感觉如何，并会因此做出哪些不同的反应。

总体设计概念

所谓总体设计，以茶道为例就很好理解。除作为空间的茶室之外，还要加上茶炉的砌造方式，以及摆放在其中的花、书籍、熏香、道具、茶器、点心，甚至着装的式样等，这些所营造的整体感觉才是茶道。首先要设定某种行为，再给这一行为配置必要的物品和素材，逐渐扩展其范围，直到扩大到整个空间，这是一种非常有效的手法。在这个空间里，光线、色彩、气味和声音与家具、素材和空间结构等同样重要，应该同时进行构思。更细致一点儿说，各种观叶植物、挂在墙壁上的绘画和人的衣服式样，甚至连发型都是室内设计的一部分。

空间内所有的事物要保持在
同一个思维维度上，并同时
在脑海里塑造空间形象

将脑海中的形象的
色彩和材质逐一描
绘在图纸上

完成！

为确保按图施工，需要对
现场进行监理

设计：KAZ设计事务所
照片提供：山本MARIKO

002

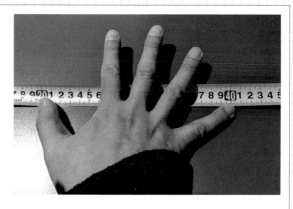

尺寸设计1
基于人体尺度的构思

长度的单位原本是从人体的尺寸产生的
现在，住宅建材尺寸仍在以"尺"作为长度单位

人体与尺度

目前，我们使用的长度单位"米"（m），在1791年被定义为：在通过巴黎的子午线上，从地球赤道到北极点的距离的千万分之一。但在此之前都是用人体的一部分来测量物体的大小。譬如，汉字"尺"的象形即表示"用拇指与其他4指张开后测出的距离，用来表示长度的单位"。而且，"基于人体尺度的构思"来构筑空间也会更有人情味。

早在1921年，日本便废止了"尺贯法"[1]。可是直至现在，以"尺"作为长度单位仍是建筑现场通行的做法。其原因就在于，住宅所使用的材料几乎都以"尺"作为基本长度单位。例如胶合板和复合板，910 mm×1 820 mm规格的被称为3尺×6尺，1 215 mm×2 430 mm的被称为4尺×8尺。假如在施工现场，一位有经验的老木匠问你："这道槽，留3分行不？"如果你回答不上来可不行。

在日本，6尺相当于1间，1间×1间的面积为1坪（约3.3 m²），即使现在，这也是建筑上不可或缺的单位。正像人们常说的"坐着是半块榻榻米，躺下是一块榻榻米"，标准榻榻米的尺寸为5尺8寸（1 760 mm），我们从这个数字中不难想象，它是根据人体的尺寸得来的（图1）。

模数

我们将"为确定建筑空间及其构成材料的尺寸而采用的单位尺寸或尺寸体系"称作"标准尺寸"。其中最有名的是由勒·柯布西耶倡导的"模数"理念（图2）。

如果将目光转向美国，你会发现还有英寸、英尺和码等常用的长度单位。英尺（feet）指脚（foot）的长度，很明显也是源自人体的尺寸。1英尺约为304.8 mm，1码约为914.4 mm，与日本尺寸体系的数值近似（表）。

---

1 尺贯法起源于我国，是在东亚被广泛使用的度量衡单位。——译者注

图1 | 日本的住宅尺寸

① 柱距排列（江户间）

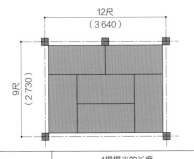

12尺
（3 640）

9尺
（2 730）

② 榻榻米排列（京间）

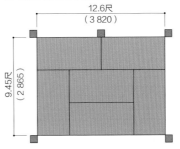

12.6尺
（3 820）

9.45尺
（2 865）

类别	1榻榻米的长度		
	京间	中京间	江户间（田舍间）
立柱排列	6尺5寸	6尺3寸	6尺
榻榻米排列	6尺3寸	6尺	5尺8寸

注：6尺3寸是丰田秀吉在太阁检地时设定的京间的榻榻米的长度。同样的1榻榻米，各地略有不同。1榻榻米的长度如在左表中所示，因为日本传统认为，一个房间的大小表示了地位的高低，京都地位最高，因此，京间的尺寸也最大。其余还有"九州岛间""四国间"和"关西间"等，在30年前的住宅门窗的样本中仍可见到类似叫法。

图2 | 模数

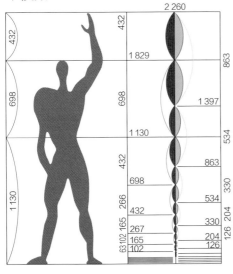

432

432

698

1 130

698

432

266

165
267
63 102
165
102

2 260

432

1 829

698

1 130

432

266

863

534

330
204
126

1 397

863

534

330
204
126

红色	蓝色
6	
9	11
15	18
24	30
39	48
63	78
102	126
165	204
267	330
432	534
698	863
1 130	1 397
1 829	2 260
2 959	3 658
4 788	5 918
7 747	9 576
12 535	15 494

模数是以人体尺寸和黄金比例（斐波那契数列）为基准而设定的。红色表示以身高为标准的数列，蓝色表示人（实际是勒·柯布西耶本人）在站立并高举单侧手臂时的身体高度为标准的数列（2 260＝蓝色、身高1 829＝红色，以黄金比例分割后所得出的尺寸体系）。

表 | 单位换算表

毫米	尺	间	英寸	英尺
1	0.003 3	0.000 55	0.039 37	0.003 28
303.0	1	0.166 6	11.93	0.994 2
1818	6	1	71.583	5.965 3
25.4	0.083 818	0.013 9	1	0.083 3
304.8	1.005 84	0.167 6	12	1

平方米	公亩	坪
1	0.01	0.302 50
100	1	30.250 0
3.305 79	0.033 06	1

注：本书图中所注尺寸除说明外，单位均为毫米（mm）。

003

尺寸设计2
操作范围

设计：KAZ设计事务所　照片提供：山本MARIKO

要点 将人的姿势与动作当作设计条件的一部分
考虑操作范围时，应将家具和设备的尺寸也包括进去

姿势与动作

姿势分为立姿、坐椅姿、席地姿和卧姿4种。通过正确地采取相应的姿势，能够减轻人体的负荷。因此，物体的大小和位置等显得很重要，并且与室内设计存在密切的关系。

如果使用不符合人体尺寸的桌椅办公，不仅工作效率低下，而且还会因姿势不好而使人的肩和腰等身体部分的负荷加重。此外，若使用与手大小不符的茶杯，手臂会呈向侧面张开的姿势，肩膀就要更加用力。这样不仅增加了身体的负荷，而且也让姿势变得很难看。外观的好坏同样很重要，经过设计的空间必须是一个赏心悦目的空间，空间里人的姿势也应该被看成室内设计的一部分。关于动作也是如此，为了通过人优雅的举止而使空间看上去更温馨，必须从设计上考虑其尺寸。

操作范围

当人在进行某种操作时，存在一个在平面和立体上四肢可达到的区域。这一区域被称为"操作范围"（图1）。应该注意的是，它不仅指方便的程度和身体的负荷，而且也关系到安全性。例如，多数厨房都采用吊柜收纳的方式，但要取出高处的物品很困难，必须借助踏台之类。从安全角度讲，这不是一个好办法。

由于生活中的很多动作都伴随着使用机械和仪器，因此操作范围不单要考虑到人身体所需的空间，还应将家具及设备的尺寸等因素也考虑进去（图2、图3）。另外，一个行为很少是靠单独动作完成的。以卫生间为例，除如厕这样的主目的外，还包括洗漱、补妆和开关门之类的动作。因此，应该综合起来考虑，计算出空间的大小。

图1 | 操作范围

① 水平操作范围

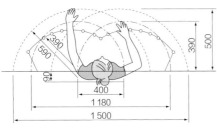

390
590
590
500
390
400
1 180
1 500

----- 最大操作范围（由R. Barnes倡导）
—·— 一般操作范围（由R. Barnes倡导）
—◦— 一般操作范围（由P. C. Squires倡导）

② 立体操作范围（由R. Barnes倡导）

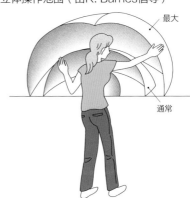

最大

通常

图2 | 构想动作空间

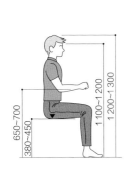

650~700
380~450
1 100~1 200
1 200~1 300

人体尺寸
坐在椅子上时主要的
身体尺寸

➡

动作范围（动作尺寸）
采取坐姿时的手脚动作尺寸

➡

1 200~1 400
1 800~1 900

动作空间
在动作范围内，用直角坐标系表示的
舒展程度、家具和用品的大小

➡

单位
空间

图3 | 标准动作空间示例

① 穿上衣

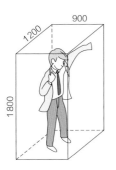

1200
900
1800

② 开抽屉

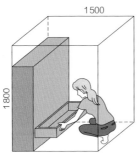

1500
1800

③ 洗脸

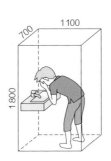

700
1100
1800

④ 搬东西上楼梯

900
2 100

004

尺寸设计3
行为心理

设计及照片提供: KAZ设计事务所

要点 对多数人通用习惯的考虑
不仅关注物理尺度，还应想到心理尺度

动作特性、行动心理

人的动作及行为特性，具有一定程度的共性。

人在生理上的倾向和癖好，我们称之为"通用习惯"（图1）。如果不能认真考虑这一点就进行设计，就可能会造成使用的不便，甚至引起混乱。特别是对某些关乎安全的物品，尤其不可掉以轻心。

同样的问题不仅存在于家庭中的生活用具上，也体现在人的行为上。例如大多数便利店，店内的商品都按逆时针的顺序摆放，引导人们向左转（图2）。

需要注意的是，这并非世界各国通用的方式。例如，在房间里布置桌子，日本多是朝窗摆放，而欧美则习惯将其对着入口处。

心理尺度

每个人都在与他人千丝万缕的联系中生活着，并且按照这种关联性和彼此交往的密切程度，来确定相互间的距离。例如在地铁内，两个不认识的人总是将长椅的两端作为首选，第三个人来了会找椅子的中间位置坐下，以保持与他人等距（图3）。人们围桌而坐的方式也表现出这一特征：为了便于交流，都相向而坐，而且要让彼此的目光容易接触（图4）。设计厨房时，尽量做到使人的视线高度保持在相同的水平线上。要想使站着的人与坐着的人视线一致，有几种方法，应该根据不同情况分别使用（图5）。此外，交流的顺畅程度也与桌子的形状有关。与整体呈长方形的桌面相比，形状稍微圆滑的桌面会使氛围显得更轻松，有助于商务之类的谈话顺利进行。

图1 | 通用习惯

生理动作的特性

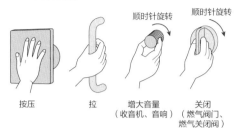

按压　　　拉　　　增大音量　　　关闭
　　　　　　　　　（收音机、音响）　（燃气阀门、
　　　　　　　　　　　　　　　　　　燃气关闭阀）

顺时针旋转　　顺时针旋转

图2 | 逆时针旋转法则（便利店）

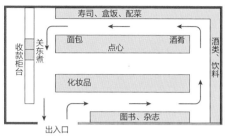

除了案例中的布置方式，各便利店都采取灵活利用
多数人习惯的方法布置

图3 | 地铁长椅的就座习惯

可以坐7个人的长椅只坐了5个人，即使把座位的接缝做成3：4
和个别地方做成凹陷依旧没有明显的效果，结果是按3：4的比例
设置立柱后才正好坐下7人

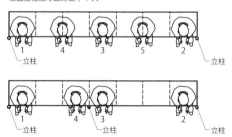

图4 | 圆弧形状的会议桌

设计：KAZ设计事务所　照片提供：山本MARIKO

图5 | 视线高度一致（厨房）

① 利用地面高差

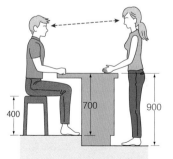

虽是一种过去常用的手法，
但仍存在高差部分的安全
性、地面铺装收口和基层制
作上的诸多问题

② 借助椅子高度

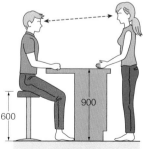

这是近来最常见的方法。但
椅子与高度要求吻合的好设
计少见，多是平庸之作

③ 借助柜台高度

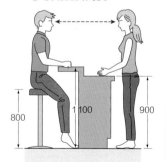

这是一种视线完全相对的方
法。不过，要在高脚椅上长
时间保持姿势不变也很困难

005

尺寸设计4
人体工程学的应用

照片提供：HAMANMIRA JAPAN株式会社、IMUZURAUNZICHEA & OTOMAN

要点 不能生搬硬套 JIS[1] 标准尺寸
开关的位置既要使用方便，还要考虑到外观的美观性

在家具上的应用

决定椅子舒适性的标准，有座面的高度、角度和深度，以及靠背的角度和高度等。不过，这些尺度亦因椅子是用于工作还是用于休憩而不同（图1）。要注意的是，假如椅子的座面过高，会使大腿的根部受到压迫。另外，体现桌椅两者关系的最重要的数值是桌面下沿与座面之间的垂直距离，即桌椅高度差，又称为"差尺"。尽管这一数值亦因行为种类的不同而存在一定差异，但一般可将270 ~ 300 mm作为标准。理想的做法是根据人体工程学的座面高算出这一数值（图2），但是，除非两者同时订购，否则要做到这一点很不现实。因此，有时要将成品桌椅腿截去一段，以使其符合人的身高。另外，厨房等处的操作台，JIS标准规定操作台的高度为800 mm、850 mm、900 mm、950 mm。然而，现场实际上更加多样化一些，有的设计师则按照"身高÷2+50 mm"的公式进行计算。但是因为每个人的四肢长度各有不同，而且还要考虑到多数人操作的实际情况，以及安装于操作台下方设备的尺寸，所以套用公式计算的方式还是要慎用。在JIS标准中洗漱台的宽度为720 mm和680 mm，但实际上大都制成800 ~ 850 mm。

将尺度的学问应用于空间

想确定收纳柜的高度和进深，需要考虑到被收纳物的重量和大小，以及收拾物品时人所采取的姿势。尤其在操作面接近地面处，因需要弯腰收拾东西，故应在收纳柜前方留出必要的空间。开关、插座、拉手和对讲机等在设置高度时，须符合人体尺度，便于使用。一般的高度尺寸是，开关类距地面1 200 mm，旋转门把手距地面1 000 mm左右（图3）。当然，也可避开这样的位置，将其安装在不明显的地方，或者通过将开关和门把手等设备设计为同一高度的手法，使空间显得更简洁。不过，这样处理的结果可能造成诸多不便，说不定是本末倒置，须仔细斟酌。

---

1 JIS，日本工业标准（Japanese Industrial Standard，首字母缩写为JIS）。

图1 | 椅子的分类

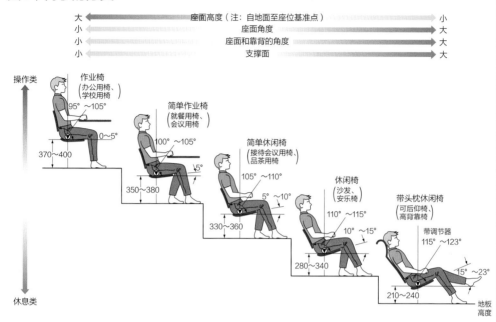

大 ◄━━━━ 座面高度（注：自地面至座位基准点） ━━━━► 小
小 ◄━━━━ 座面角度 ━━━━► 大
小 ◄━━━━ 座面和靠背的角度 ━━━━► 大
小 ◄━━━━ 支撑面 ━━━━► 大

操作类

作业椅
（办公用椅、
学校用椅）
95°～105°
0～5°
370～400

简单作业椅
（就餐用椅、
会议用椅）
100°～105°
5°
350～380

简单休闲椅
（接待会议用椅、
品茶用椅）
105°～110°
5°～10°
330～360

休闲椅
（沙发、
安乐椅）
110°～115°
10°～15°
280～340

带头枕休闲椅
（可后仰椅、
高背靠椅）
带调节器
115°～123°
15°～23°
210～240
地板高度

休息类

图2 | 桌椅的功能尺寸

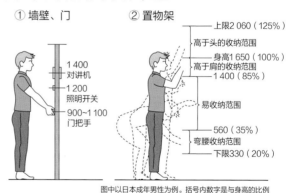

腰部接触点
750～830
270～300（差尺）
400
800
200～250
670～750
520
130
380～410
450
380～420
550
座位基准点

图3 | 设备的标准安装位置

① 墙壁、门

1 400 对讲机
1 200 照明开关
900～1 100 门把手

② 置物架

上限2 060（125%）
高于头的收纳范围
身高1 650（100%）
高于肩的收纳范围
1 400（85%）
易收纳范围
560（35%）
弯腰收纳范围
下限330（20%）

图中以日本成年男性为例。括号内数字是与身高的比例

在家具商场选购椅子时，要根据自己家庭的实际情况。脱鞋试坐是少不了的，但还有许多应该注意的地方，如用不用坐垫、要不要扶手、可否在椅子上盘腿、座面的弹性怎样、与桌子相不相配等。

006

色彩设计1
何谓色彩？

设计：KAZ设计事务所　照片提供：山本MARIKO

要点　色彩的感知是将视觉信息转换成知觉信息和语言

两种色彩

我们在感受室内设计时，80%是通过进入眼睛的视觉信息进行判断的。色彩和光线占了很大的比重。

我们身边充斥着各种各样的色彩（或者色彩信息）。我们所认知的色彩可以分为两种。一种是物体本身发出的色彩，也就是光的色彩。另外一种是，光照射到物体表面反射的色彩（图1）。比如，光照射到树叶上，只有绿色的光被反射并进入我们的眼睛，我们认知的树叶就是绿色（图2）。

认知色彩的原理

太阳光是含有多种波长（单色光）的电磁波，它是无色透明的。由于不同波长的光折射率不同，所以三棱镜可以将太阳光（白光）分解，这和雨后彩虹的形成是同样的原理。被分解的光中，波长380 nm（纳米）到780 nm的光可以被我们看到。所以这个波段的光被称为"可见光"（图3）。可见光中波长最短的是380 nm的紫色光，比紫色光波长更短的是紫外线，波长最长的是780 nm的红色光，比红色光波长更长的是红外线。

当光照射到物体表面时，只有一种波段的光被反射，其他波段的光被物体吸收，我们认知的色彩就是进入到我们眼睛的反射光。进入到视网膜的是波长这样的数值信息，视网膜将视觉信息传递给大脑，形成了知觉信息和语言化的信息。

图1 | 色彩与光的关系

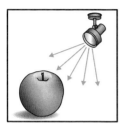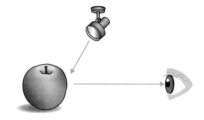

图2 | 认知色彩的原理

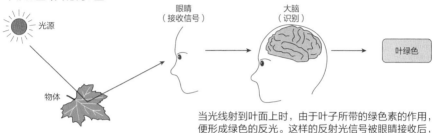

当光线射到叶面上时，由于叶子所带的绿色素的作用，便形成绿色的反光。这样的反射光信号被眼睛接收后，立刻将信息传至大脑。如此一来，我们才识别出叶子是绿色的

图3 | 电磁波的波长与可见光

① 用三棱镜所做的白色光分解及其光谱 ② 可见光的波长和色彩

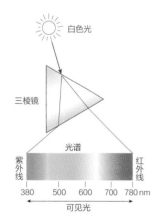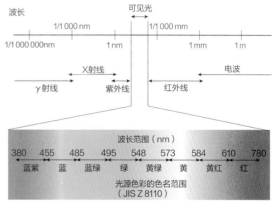

1 nm相当于1 m的10亿分之一

小贴士 现场的各种小知识
PICK UP ● **对形状、素材和色彩做综合考虑**

在做建筑和室内设计时，一旦构思完成，便要先画出图纸，绘制效果图和制作模型。在制作的过程中，完全没有必要按照"形状→素材→色彩"的先后顺序逐一考虑这些问题，而是应该从最初的设计构思出发，将它们作为一个整体概念来认识。

007

色彩设计2
色彩的表示

设计：MAZ设计事务所

要点 为了正确表达语言描述中的色彩，应该了解构成色彩的要素

色彩数字化

视网膜识别的色彩（色觉）可以由光波波长来区别，这是将其色彩数字信息化的手法。但是将色彩用语言表达出来时，却变成非常不够清楚明白的事。比如从"像黄莺般的浅绿色"，到"像森林的深绿色或者抹茶色"，都可以用来描述绿色。日本自古就有"孔雀绿""浅葱绿"和"翠竹绿"等常用颜色名称，即使如此也无法清晰准确地表达色彩。所以需要向他人准确表达色彩时，要将色彩数字化。

在诸多色彩理论体系中，最著名的是"孟塞尔色系"（图1）。根据美国画家阿尔伯特·孟塞尔的色彩理论，色彩由"色相""明度"和"纯度"表达（图2、

图3）。

其他如奥斯特瓦尔德色彩体系也比较有名。

日本色彩体系

日本有"PCCS"（Practical Color Coordinate System）色彩体系。这是日本色彩研究所开发的色彩体系，将之前色彩三要素中的"明度"与"纯度"结合，而用"色调"和"色相"两个属性来表现颜色。由于"色相"被称作"Hue"，所以这个色彩体系也被称作"日本色调色彩体系"。根据此理论制作的PCCS色调图谱将色彩形象化，是有效考虑色彩调和的方法（图4）。

图1 | 孟塞尔色相环

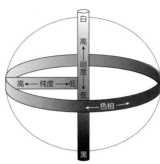

注：上图为在10等分的色相中，选取了第5色相和第10色相，再由其组成20个色相。

图2 | 用三属性构建的颜色立体骨架

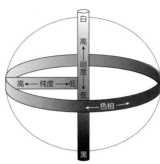

色相（H）以红（R）、黄（Y）、绿（G）、蓝（B）和和紫（P）5种颜色为基本色相，在这些色相之间又形成黄红（YR）、黄绿（GY）、蓝绿（BG）和蓝紫（PB）和红紫（RP）5种中间色相。进而再将各色相作10等分，总计形成100个色相。用1到10分别表示各色相，5位于中心

加上"明度（V）"和"纯度（C）"，一共三个维度来表示（HV/C）颜色。例如5R4/14（读作5红4之14），该色彩的主色相为红；明度4，中等明度；纯度14，系高纯度，属于鲜艳的红色

图3 | 孟塞尔色立体

因其中各个色相的最高纯度值存在差异，故孟塞尔色立体的形态并不规整

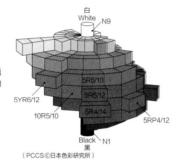

图4 | PCCS色彩图谱

（PCCS©日本色彩研究所）

PCCS色调形象

PCCS色调的形成

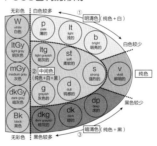

PCCS色调图谱

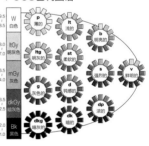

008

色彩设计3
色彩的搭配

设计：MAZ设计事务所

要点 两种以上色彩的搭配决定了空间的氛围
即使相同的色彩，亦因周围环境的差异而看上去不一样

色彩的对比和同化

色彩在没有特别意图的情况下，不会以单色存在，一定会以两种或者以上的形式组合在一起。在前文叙述中，80%的空间体验依赖于视觉所得到的信息，在这个过程中色彩的影响最为重要，空间设计的效果也会由于色彩的使用，很大程度地左右室内的氛围。

色彩中"色相""明度""纯度（即饱和度）"的对比统称为"色彩对比"（图1）。同样的色彩也会由于周边色彩的变换而看上去有所不同。比如，深蓝色和浅蓝色的桌布上分别放着白色的器皿，会感觉白色也不同了，前者会显得更加显眼。这个就是一种"明度对比"的产物。还有将周围的颜色混入的"色彩同化"现象（图

2）是相邻两个颜色混同在一起的错觉。例如，柑橘被装入红色网袋后，其表面透出的红色更加鲜艳，也显得很美味。这就是"色相同化"的现象，发生在红色与黄色两个颜色在视觉上产生混同的状态下。

加法混色与减法混色

我们的日常生活受到颜色对比和同化的视觉影响。如果有意识地利用这一现象，那么色彩的搭配和空间设计就可以相得益彰。所以我们有必要了解混色的知识。混色分为根据光的三原色（RGB）的"加法混色"和色彩三原色（CMY）的"减法混色"（图3）。舞台照明和电脑显示器为加法混色，印刷物和现场涂料用的是减法混色。

图1 | 色彩对比

色相对比
同样的红色，感觉左边的红色泛黄，而右边的红色泛蓝

明度对比
同样的白色，背景黑的看上去更明亮

饱和度对比
左右都为同样的浅绿色，但是被色彩更为鲜艳的绿色包围时，没有被灰色包围时显得效果突出

图2 | 色彩同化

色相同化
在红色中插入黄色线条，红色也会显得发黄，插入蓝色线条则显得泛蓝

明度同化
在灰色中穿插黑色会显得整体变暗，插入白色则显得整体变亮

饱和度同化
在淡绿色中插入翠绿色会提高饱和度，插入灰色的线则会降低饱和度

原有颜色
插入颜色

原有颜色
插入颜色

原有颜色
插入颜色

图3 | 光的三原色和色彩的三原色

加法混色

红色（R）
绿色（G）
蓝色（B）

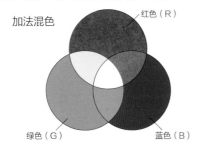

减法混色

紫红色（M）
黄色（Y）
青色（C）

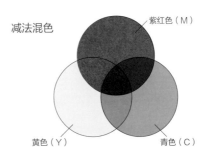

小贴士
Pick UP

现场的各种小知识

色彩的面积效果

即使同样的色彩，也会因面积的大小而显得不尽相同。一般来说，面积越大，色彩越显得明亮而鲜艳。然而，如是暗色则相反：面积越大看上去越暗。因此，在做色彩设计时，如果利用小型色彩样本来选择色调时，应缩小候选范围，尽量选取大样本，以免选定的色彩与实物之间有差距。

大色块看上去要明亮和鲜艳些

009

色彩设计4
色彩方案

设计：MAZ设计事务所

 认识到色彩会给心理上带来影响，通过色彩组合营造空间的氛围

色彩的心理效果

色彩对心理的影响效果已经通过科学实验得到证实。同样的物品会因颜色不同而给人不同的感觉，也会影响拥有者的心情（表1）。通过改变自己房间的色彩可以改变心情，应该有很多人有过这种体会。所以我们通常会多次强调：在室内设计中，色彩的规划与设计发挥着非常大的作用。

空间中的色彩，根据其所占的面积比例分为三种。占有最大面积的色彩且作为空间基础色调的为"基础色"（BASE COLOR），略小于基础色所占面积，但能够补充基础色的为"配合色"（ASSORT COLOR），用于赋予空间变化和起点缀作用的称为"强调色"或"反差色"（ACCENT COLOR）。通过用心地调整以上这几种色彩，可以打造美轮美

奂的空间、看上去宽阔的空间、适合居住的空间等，并且赋予空间各种各样不同的特性。

色彩本身的特性和组合方法

在进行色彩规划的时候，空间的设计理念可以决定基础的色彩组合，在这时最要注意的是色彩本身具有的特性（表2）。在决定了空间上的设计理念后，要开始考虑色彩的搭配。在搭配颜色（表3、表4）上，通过调整色相、明度、饱和度三种属性，可以完成给观察者的情感信息传递。

例如，若想让人长时间待在一个空间内，却不感觉到厌烦，建议使用统一感强一些的"主色系配色"；如果要设计对感官刺激性强烈一些的店铺，建议使用"对比色系配色"。通过匹配色彩的三属性的特性，可以创造出不同的配色方案来（图）。

表1 | 色彩和心理的关系

色彩具有各种各样的表情，可以影响人的情感。
其作用及对心理的影响也被应用于软装上

色彩	对心理的影响
冷色和暖色	使人感觉寒冷的色彩称为"冷色"，让人感觉温暖的色彩称为"暖色"。冷色主要有蓝色、蓝绿色、蓝紫色等，暖色有红色、橙色、黄色等。介于中间的黄绿色、绿色、紫色等为中性色
镇静和兴奋色	暖色系纯度高的色彩具有提高人兴奋度的效果。冷色系纯度低的颜色具有"降躁"、使心情沉静的效果
膨胀色和收缩色	空间同样，使其最大的色彩为膨胀色，使其最小的色彩为收缩色
前进色和后退色	暖色系的色彩和亮色看上去是前进的，冷色系的色彩和暗色看上去是后退的
轻色和重色	高明度明亮的色彩让人感觉轻盈，低明度暗沉的色彩让人感觉厚重。最轻的色彩为白色，最重的色彩为黑色
硬色和软色	暖色系明度高、纯度低的色彩看起来柔软，冷色系明度低、纯度高的色彩看起来硬朗

表2 | 色彩代表的特性

色彩	积极的	消极的
□ 白色	纯粹、整洁、神圣、正义	空虚、无
■ 灰色	沉着、认真	抑郁、迷惘
■ 黑色	高级感、厚重感、威严	恐怖、绝望、不祥、恶、死亡
■ 红色	热情、有活力、兴奋、高昂	怒、暴力、警戒
■ 橙色	喜悦、活泼、阳光、明快、温暖	—
黄色	愉快、元气、轻快、希望、无邪	注意、关注
■ 绿色	安静、治愈、协调、安定、青春、健康、温柔	—
■ 蓝色	理性、沉着、信赖感、诚实、爽快感	悲凉、冷淡、孤独
■ 紫色	高级、优雅、妖艳、神秘、高贵	不安
■ 粉色	可爱、幸福、爱情	—

表3 | 配色方法的各种案例

配色方法	案例
1.主色系配色	同一色相或稍做调整的不同的组合
2.主色阈配色	统一色阈的多色配色
3.同色系配色	色相统一、色阈差别大的配色
4.同色调配色	色阈一致、色相差别大的配色
5.单色系配色	色相、饱和度、明度差别不大的配色
6.两色系配色	补色配色（表4）
7.三原色配色	色相环上的正三角位置的色相配色
8.分裂、补色配色	将色相分为两部分，使用其中一侧的两端的色彩进行分列式配色

表4 | 互补色的效果

互补色是指同量混合成为无彩色，色相环上成180°角的两个颜色。凝视其中一种颜色可感知其互补色

1. 互补色同时配色可加深残像，强调对比
2. 混合互补色可变无彩色、消除残像
3. 想象看不见的互补色可出现残像

图 | 色彩规划的顺序

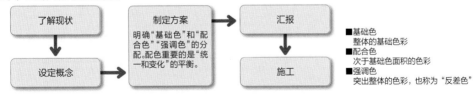

■基础色
整体的基础色彩
■配合色
次于基础色面积的色彩
■强调色
突出整体的色彩，也称为"反差色"

小贴士 Pick UP 现场的各种小知识

1/f 波动色系统

所有的色彩都分为"黄主色""蓝主色"两种，同一个个体无法同时具有两种主导色。每个人的衣着、装饰中依据主导色理论来进行调配就不会出现大的失误。

010

光的设计

设计及照片提供：KAZ设计事务所

要点　照明在心理上的作用十分引人关注，其在空间设计上的重要性正在增强
照明的一个非常重要的功能是"营造暗部阴影"

采光与照明

一般认为，远古时代的人类生活很简单，白天在户外依靠太阳的自然亮度活动，天一黑便睡下。直至发现了引火的方法，人工照明才诞生了。自从人类学会取火开始，诸如篝火、松明、蜡烛、纸罩座灯、灯笼、煤油灯和煤气灯等使用火的照明手段曾一度成为主流。直到19世纪70年代，人类开始使用电灯，这才用上了更加安全和稳定的照明。

灵活运用光影的照明效果

近年来，"一室空间"已成为主导居住空间发展趋势的关键词。可以说，在都市中的狭小住宅里，一个空间做多种用途是比较现实的选择。如此一来，空间内部照明的作用就变得更加重要。

虽然照明的目的在于提供必要的光，但营造暗部的阴影也同样重要。在心理上，空间中暗的部分会使空间显得更宽敞，并给人以深邃感。由于有意识地将亮处与暗处做适当配置，不仅可以让室内设计更富于变化，还能适应不同的场合（图1、图2）。当然，这种场合最重要的是所谓"光"与"影"的照明效果，而不是照明灯具的外观（照片）。

为此，应该尽量消除照明灯具的存在感，只将光凸显出来。照明灯具作为构成室内设计的对象，只是作为一个营造"光与影"效果的装置存在。而且，也只有在满足以上两点要求的情况下，才能找出照明灯具存在的理由。

图1｜光源的光色（色温）

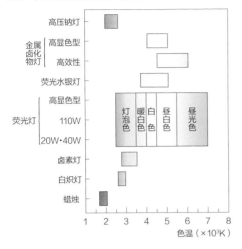

图2｜色温和照度使人产生的感觉

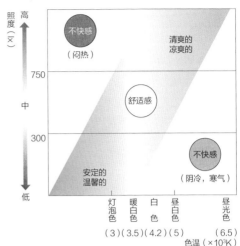

照片｜灯光营造的明暗效果

照片中，可减少超强眩光的筒灯被嵌入岛式厨房的天花板内，并不过多强调其存在感，但能充分起到将台面照亮的作用。而且，不锈钢制的台面还起到反光板的作用，营造出梦幻般的氛围

设计及照片提供：KAZ设计事务所

小贴士 Pick UP
现场的各种小知识

烛光的疗养效果

目前正流行一种芳香蜡烛，一看到其烛光，人的心情便会平静下来。之所以如此，有以下几个原因：首先是色温低，因其色温比照明灯具更低，故可营造出更安定的氛围；其次是光不扩散，人在黑暗中，很容易使精神集中在烛光上；第三个原因是烛光的摇摆，它被称为"1/f"波动，据说有疗养效果。因为"1/f"波动恰好与人的脉搏节律相当，所以在看着蜡烛的火苗时，人会陷入自我激励及与烛光摇摆同步的状态。

011

声的设计

照片提供: KAZ设计事务所

要点 对声音的感觉存在个体差异。声音也是室内设计的要素之一，为了让空间中具有舒适的声音环境，在隔声、吸声和回声方面的控制是必不可少的

 声音与感觉

人的耳朵会不断地听到某些声音，通常并不存在完全无声的状态。然而听到某种声音后的感觉，却会因不同的人和不同的习惯而存在差异。譬如，秋夜里传来的虫鸣，日本人听上去是一种良性宣泄情绪的声音，但在欧美人听来，不过是一种噪声而已。

声音对人的心理也有一定影响，例如，廉价汽车和高价轿车关闭车门的声音就不应该一样。笔者曾造访一家产品研发公司，他们甚至精研到豪华型门的关门声音是否高级。另外，锁门时的"咔嗒"声也是一种条件反射的记忆，听到声音就会意识到门已经锁上了。

当一个人进入一家店铺时，其心情的好坏也与里面播放音乐的风格和音量有关，应该根据不同的顾客群和时间段选播不同的乐曲。从这个意义上说，"选曲师"说不定会成为与室内设计相关的一种职业。

声音的强度、音高和音色

声音的性质，是由强度（dB）、音高（Hz）和音色（固有的声音）决定的，并以波状传播。在室内设计中，对这样的"波"，要使用隔声、吸声和混响等手段加以调节（图）。音乐厅的音响设计，应根据其用途（是用于演奏古典音乐还是用于戏剧演出）制定不同的音响设计方案。最近，即使是普通住宅，拥有类似家庭影院这种可以发出高质量声音的音响也不再是少数，故而室内设计对隔声性能提出了比从前更高的要求（表1）。尤其是在公寓中，多数情况下，声音传到上面楼层是被严格禁止的。因此，更应该充分注意地板材料的种类和性能（表2）。

表1 | 室内噪声等级

	人的感受	无声感		非常静		不会在意		听到噪声		不能无视的噪声	
	对谈话和电话的影响		距5 m可听到耳语声		相距10 m可谈话，不妨碍打电话		一般谈话（3 m以内）可打电话		大声谈话（3 m）稍妨碍打电话		
场所	集会、音乐厅			音乐室	剧场（中型）	剧场舞台		电影院、天文馆		音乐厅、大堂	
	酒店、住宅					书房	卧室、客厅	宴会厅	大堂		
	学校			音乐教室		研究室、普通教室				走廊	
	商业建筑					音乐茶座、书店、珠宝店、美术店		一般商店、银行、餐馆、食堂			
噪声等级	dB（A）	20	25	30	35	40	45	50	55	60	

图 | 声音的投射、反射、吸收和穿透

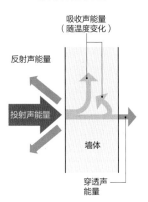

吸收声能量
（随温度变化）

反射声能量

投射声能量

墙体

穿透声能量

表2 | 地板隔声等级

隔声等级	公寓的等级		椅子移动、物体掉落等的声音（轻量：L_L）	走动、跳跃等（重量：L_H）	生活实感、确保隐私
	轻量地面冲击	重量地面冲击			
L-40	特级	特级	几乎听不见	隐约能听见，像是从远处传来的感觉	• 楼上声音隐约的程度 • 感觉得到但不在意
L-45	1级		稍微能听见	能听见，但意识不明显	• 意识到楼上的生活状况
L-50	2级	1级	能听见	稍微能听见	• 意识到楼上的生活状况 • 听见椅子拖动的声音 • 感觉到走动
L-55		2级	在意声音的产生	能听见	• 知道楼上的一些生活行动 • 听见椅子拖动的声音 • 听见穿拖鞋走动的声音
L-60	3级	3级	在意声音的感觉强烈	听得很清晰	• 知道楼上的生活行动 • 清晰听见穿拖鞋走动的声音
L-65	等级外		聒噪	在意声音的感觉强烈	• 清晰知道楼上的生活行动
L-70			相当聒噪	聒噪	• 在意声音的产生 • 听见光脚走动的声音
L-75			特别聒噪	相当聒噪	• 明确知道生活行动 • 知道人所在的位置 • 在意所有物体掉落的声音 • 相当聒噪
L-80			聒噪到无法忍受的程度	聒噪到无法忍受的程度	• 明确知道生活行动 • 知道人所在位置 • 在意所有物体掉落的声音 • 相当聒噪
备注			高声区的声音、轻量重冲击音	低声区的声音、重量轻冲击音	生活行为、迹象

"L值"是指板坯厚度150 mm时声音传递的难易程度，L值有重量地面冲击音（L_H）和轻量地面冲击音（L_L）两种。L_H是"咚咚"的声音，小孩跳跃的声音、走动的声音等。L_L是"窸窸窣窣"的声音，轻质玩具或拖鞋等相对硬质的东西掉落在地板上的声音

小贴士
Pick UP

现场的各种小知识
只有年轻人听得见的声音

人可听到的音域为20 Hz~20 kHz，以20到30岁阶段为分水岭，对高频域声音会逐渐变得不敏感。特别是17 kHz以上的音频区域被称为"蚊子音"，如何利用这种声音也成了人们关注的焦点。

深夜，常有无所事事的年轻人聚集在便利店或公园，为了不让他们在此地长久逗留。2009年5月，以日本东京都足立区为开端，将此类发声装置设在这些地点。

012

热的性质
温度设计

设计：KAZ设计事务所　照片提供：山本MARIKO

要点
零能耗住宅（ZEH）是独立住宅的目标数值，而并不是用来做差别化的手段
采用具有吸湿性和隔热性的材料和部件，以减少结露现象

什么是ZEH

ZEH，即零能耗住宅，英文为Zero Energy House，是"以保持舒适的室内环境为目的，保持住宅的高隔热能力的同时，采用高效率的设备尽可能节省能源，并且利用太阳能发电等手段，可以保证一年消耗的能量（相抵后）为零的住宅"。2015年日本经济产业省公布的计划书中称，到2020年为止的标准新建住宅，到2030年为止的所有新建住宅，都将实现ZEH目标。这是未来必须践行的一项措施，而不是目前用来对企业（施工企业）区分等级的工具。

了解建筑的保温性能需要熟知日照的情况。日本住宅自古以来对阳光照射的处理都是采用"夏天遮挡，冬天引入"的手法（图1~图3）。在此之上进一步考虑建筑材料的热容量，这不仅仅需要考虑

外墙，同时也要考虑到装修材料。在使用热容量大的大理石和瓷砖时，白天积蓄的热量在晚上放出，其实也是节能的一种手段，但是变化比较缓慢，所以需要利用地热开关等手段对其进行整体调控。

潮湿和结露

房屋的气密性高时，结露也会成为其问题之一。温度降低后，相对湿度就会上升，并很快超过水蒸气的饱和度。这时，多余的水分便形成结露。从理论上说，要避免发生结露现象很简单，譬如设法降低室内湿度，或者不让窗内表面的温度下降等（图4）。前者可采用吸湿性材料，例如用消石灰抹灰、硅藻土、火山灰、贝壳涂料等进行室内表面处理。后者采用具有高保温性能的窗框和玻璃。不过，不可仅限于此，还应考虑采取换气之类的措施。

图1｜遮蔽日照的方法

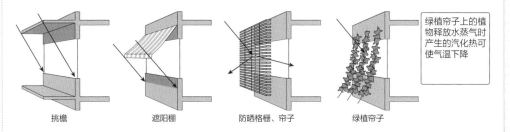

绿植帘子上的植物释放水蒸气时产生的汽化热可使气温下降

挑檐　　　遮阳棚　　　防晒格栅、帘子　　　绿植帘子

图2｜利用挑檐遮挡日照

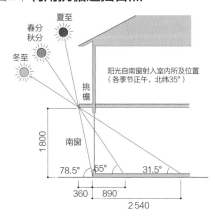

春分秋分　夏至
冬至

阳光自南窗射入室内所及位置
（各季节正午，北纬35°）

挑檐

南窗

1800

78.5°　55°　31.5°

360　890
2 540

图3｜热移动的三形态

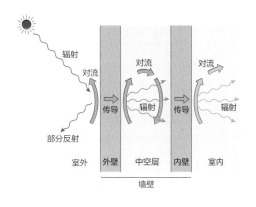

辐射
对流　对流　对流
传导　辐射　传导　辐射

部分反射

室外　外壁　中空层　内壁　室内

墙壁

图4｜结露的原理

① 结露过程

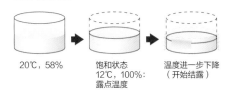

20℃，58%　　饱和状态
　　　　　　12℃，100%：
　　　　　　露点温度　　温度进一步下降
　　　　　　　　　　　　（开始结露）

如空气中水蒸气量保持不变，温度下降时容器难以装下干燥的空气，一旦溢出容器之外，则开始结露，此时的温度为露点

② 简略空气线图

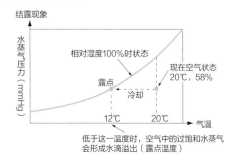

结露现象

水蒸气压力（mmHg）

相对湿度100%时状态

现在空气状态
20℃，58%

露点
冷却

12℃　20℃　气温

低于这一温度时，空气中的过饱和水蒸气会形成水滴溢出（露点温度）

③ 表面结露和内部结露

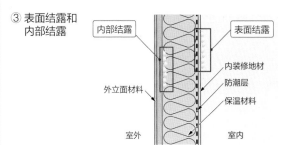

内部结露　　　　表面结露

内装修地材
防潮层
保温材料

外立面材料

室外　　室内

表面结露是一种室内暖湿空气接触冷的墙壁时产生的现象，内部结露是指从墙壁等中间穿过的水蒸气在低温条件下凝成水滴的现象

013

重量、气味的
设计

照片提供：KAZ设计事务所

要点 在室内使用的物品都有其恰当的重量
香味也是决定室内印象的要素

手就是一杆好秤

大多数日本人喜欢用手端着碗吃饭。这种特有的习惯，正是日本人对餐具的轻重十分敏感的原因。其证据为，常用饭碗的重量在100 g上下，酒杯和汤碗的重量也多半都是100 g左右（图1①）。不仅限于餐具，筷子及办公用品之类很小的重量差别，也能够用手感受出来。

通过增加重量来保持使用时的平衡性也很重要。与轧制的不锈钢菜刀相比，锻造的菜刀用起来要方便些，原因不在于刀身较重，而在于重心距刀柄很近，使用时更轻快（图1②）。

此外，也不能忘记重量与心理之间的关系。例如柜橱的门大都做得很厚重。因为只有这样，将东西存放在里面时才让人感到放心。高级门在开发时，也关注门扇的重量，从技术角度讲，完全可以做到门的开合轻松自如，但若以让人感到更加安全可靠为出发点，则宁可使门的开合沉重一些。就像这样，我们在构思室内设计过程中，无论从物理上还是从心理上，都应将重量当作重要的关键词。

香气的心理作用

香蜡和熏香等（图2）发出的气味与人的心理有着密切关系，这一点已广为人知。即便是"嫩叶的气味"和"雨的气味"等抽象的气味也能唤起人们的记忆。至于食物的气味，根据经验，则很容易让人联想到食物的味道和样子。因此，没有理由不将气味的设计用在室内设计中。如在茶会现场，为品茶环境增添一份情调的焚香，也能传达出主人待客的诚意。笔者设计的店铺将南国风格作为主题，通过让店内飘散着椰子的气味，使简单的设计营造出南国气氛。

图1 | 重量设计

① 器皿的重量

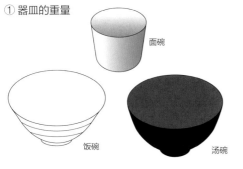

面碗

饭碗

汤碗

日本人习惯用的器皿的重量大多为100 g

② 重量的平衡

锻造的菜刀

重心 重心，考虑到平衡的设计

不锈钢菜刀

重心 平衡差、手感重，用起来不顺手

图2 | 气味也是室内设计的一部分

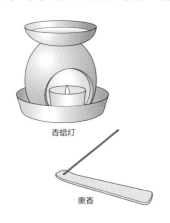

香蜡灯

熏香

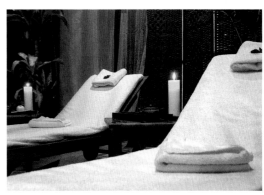

气味与人的心理有密切关系。南国风格作为主题，让店内飘散着椰子的气味

小贴士 现场的各种小知识

PickUP

看重桐木厨柜的理由

桐木是木材中单位体积质量较轻的（当含水率为15%左右时，密度为0.19～0.40 g/cm³），搬运起来比较方便，自江户时代起就在城市里被广泛采用。当发生火灾时，桐木即使被卷入火中，直至其变黑炭化也不会被烧成灰烬。除此之外，它还有适应潮湿环境、抗虫蛀、耐腐蚀和不变形（收缩变小）等优点。这或许正是桐木厨柜受到普遍欢迎的原因（右图）。

014

视觉误差设计1
形状

设计: MAZ设计事务所

 要点 尝试将形状分解成点、线和面
人在变换进入眼球的视觉信息过程中产生知觉

分解形状

如将一个点放在空无一物的平面上，那么这个点会引起人的注意，并成为向心的存在。假设点是两个，在这样的两个点之间似乎可发现某种关联，如视线从大点移向小点。就像这样，利用放在空间中的物体和形状，便可以控制视线的移动。

要充分理解这一点，有必要对形状加以分解，并重新认识它。一切都是由点开始，多个点的排列组成线，进而再由线构成面。这时，各条线彼此不必衔接，而是将其作为领域来认知。面在经过立体组合后，一旦大小达到可进入的程度，便将其作为空间来认知（图1）。

一般说来，直线和平面给人以安静、实在的印象。曲线和曲面则让人感到生动、活泼。即使在空间中，与单纯的方形空间相比，适当地加入凹凸或曲面之类的元素，可使空间显得更加自由和连贯。

视觉→知觉

假如眼前摆放着一张正方形的桌子，这时，传入人眼的形状应该是一个梯形，但是，通过眼睛获得的视觉信号传至大脑后，经过分析、判断和处理，会认识到这是一个正方形。同理，即便是正圆的桌面看上去像是椭圆、长方体的建筑物越往上显得越细，人的大脑也能将其转化成正确的形状（图2）。

那么，假如真得仰视一座越往高处越窄的大楼会怎么样呢？一定会显得比实际高度要高。像这样的创意，就是对视觉信息调节的利用。诸如此类，视错觉（看上去与实际不符的图形）可以作为构思自由空间的参考（图3），而实际上，大家都被"骗"了。

图1 | 视线的运动

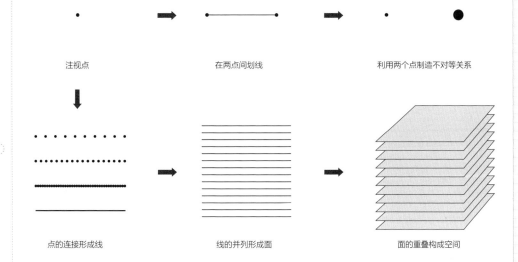

注视点

在两点间划线

利用两个点制造不对等关系

点的连接形成线

线的并列形成面

面的重叠构成空间

图2 | 视觉信息的变换

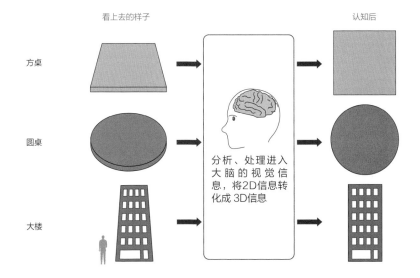

看上去的样子

认知后

方桌

圆桌

大楼

分析、处理进入大脑的视觉信息，将2D信息转化成3D信息

图3 | 视错觉

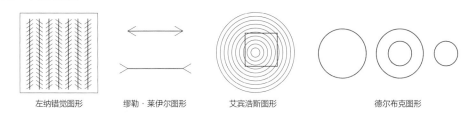

左纳错觉图形

缪勒·莱伊尔图形

艾宾浩斯图形

德尔布克图形

015

视觉误差设计2
观感的控制

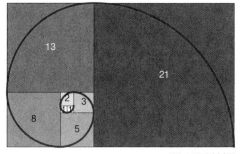

设计：MAZ 设计事务所

要点 利用视觉错觉来控制观感
熟知黄金分割与白银分割这种稳定的比例

透视

在描绘风景画时，所使用的一种连小学生都知道的技艺：远处的物体画得小些，近处的物体画得大些。这就是所谓"透视法"（远近法）。巧妙运用这一手法的例子，在我们身边也能见到。日本东京青山绘画馆前整齐排列的银杏树，自青山大道至绘画馆前广场是个徐缓的下坡，道路两侧银杏树的高度，越靠近绘画馆越低。也就是说，在设计上让人觉得好像拉长了青山大道至绘画馆之间的距离，并将参观者的注意力引向绘画馆那边（图1）。此外，日本京都的桂离宫（图2）和梵蒂冈的大教堂等的设计，也都采用了透视手法。

美观且稳定的黄金比

黄金比是一种给人以潜在美感的稳定比例（约为1：1.618）（图3），从远古时代就被用于埃及金字塔和希腊帕特农

神庙等建筑。以达·芬奇为代表，在文艺复兴时期的艺术创作中也得到广泛应用。如今，很多品牌标识的设计上也使用了黄金比，比如苹果（Apple）、推特（Twitter）、丰田等。

日本也同样有稳定的比例，被称为"$\sqrt{2}$长方形"（约为1：1.414）。在日本其被称为"白银比"或者"大和比"。我们平时使用的纸张比例就是如此（图4）。这一比例，纸张长边无论经过多少次的对折平分，其比值都保持不变。像白银比就在法隆寺的金堂和五重塔的设计中被使用，从古至今，寺院、神社建筑或者佛像的面部比例设计、日本绘画等，只要被定义为"日本人眼中美的比例"的领域，都会使用到这种比例。另外还有"哆啦A梦""Hello Kitty""面包超人"，乃至东京的晴空塔的设计中也使用了白银比（图5）。

图1 | 透视法的案例1

绘画馆前的银杏行道树
照片提供: PIXTA

自青山大道至绘画馆前广场整齐排列的银杏树,随着道路起伏而出现的高度差有1 m左右。青山大道两侧树高24 m,绘画馆两侧树高17 m。透视的效果的终端将人的注意力集中到绘画馆上来

图2 | 透视法的案例2

照片提供: KAZ设计事务所

桂离宫的敷石

图5 | 晴空塔与白银比

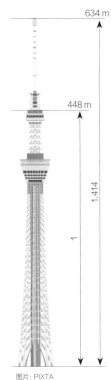

图片: PIXTA

图3 | 黄金比

① 黄金比长方形

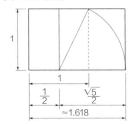

② 桂离宫的黄金比

桂离宫采用1:1.618黄金比的例子之一

图4 | √2长方形

① √2长方形

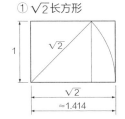

② 纸张的长宽比例

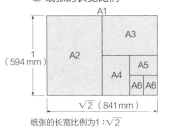

纸张的长宽比例为1:√2

31

016

视觉误差设计3
美的法则

设计：MAZ设计事务所

要点 跟随视线位置的移动，给予人美观上的演绎
图案之类的装饰，各自具有符号化的意义

使空间看上去美观的五项法则

利用以下五项法则，可使空间看起来更加美观。

①统一（unity）与变化（variety）（图1）：统一即一致，变化则指被拆散。

②协调（harmony）：寻求局部与局部、局部与整体的相互协调。

③均衡（balance）：对称（symmetry）和非对称（asymmetry）的运用。

④比例（proportion）：灵活运用黄金比和$\sqrt{2}$长方形等。

⑤律动（rhythm）：利用重复和色调层次等（图2）。

不仅是色彩，形状、大小、材料等也一样。

要一边意识到这些法则，一边调整视平线高度，试着模拟视线移动的情形。立姿、席地姿和坐椅姿的视平线高度不一样，因而看到的风景也不相同。开口和门窗等的长度和宽度，应该选择最佳的比例。只要想想日式房间和西式房间的布局，就不难理解这一点。其房间的重心是这样确定的：调整由阳光和照明产生的阴影，包括色彩和形态等，构成空间的焦点（关注点），使其与视平线高度一致。

装饰的意义

装饰一词本来含有更多与宗教、王室和贵族生活有关的意思。原则上讲，在同一个空间里不会存在主题不同的装饰。进入20世纪，当奥地利建筑师阿道夫·洛斯提出"装饰即罪恶"的观点时，在很大程度上改变了室内设计的装饰意义。但直至今日，人们对装饰的关切仍然根深蒂固。

装饰技法中的纹样有许多种被符号化的图案，我们要掌握它们的名称和用法（图3）。

图1 | 统一与变化

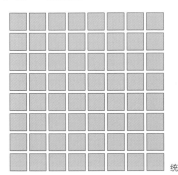
统一

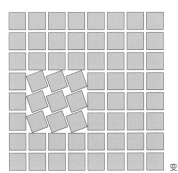
变化

图2 | 律动

渐变（色彩阶调）

渐变（形态阶调）

图3 | 纹样（江户小纹的案例）

小纹是指用重复性图案染色的一种技法，日本常用的小纹技法有"江户小纹""京小纹""加贺小纹"

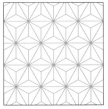
麻叶

七宝

万字连

松皮菱

蓝海波

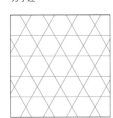
网眼

回纹

方格

第六感的室内设计

经常看到"刺激五感的××"这样的文字。本书第1章所写的内容，也正是基于"五官感觉的室内设计"这样的理念。

在多数情况下，在刺激五感当中最重要的还是视觉感受。通过对可见的或不可见的物体，以及视线移动等的清晰认知，便自然会把握住空间的形状、空间内物品的布置和色彩的应用等。反之，如空间改造或店铺装修等，空间形状和体量已经确定，那么亦可通过视线的调整将空间构建得更舒适。

视觉、听觉、触觉、嗅觉、味觉5种感觉并非独立存在，而是彼此相互补充，共同将一个完整鲜明的形象输入大脑中。而"第六感"则是在充分调动五感的基础上产生的。在室内设计中，应利用各种手段激活第六感，营造出"虽然说不出来是为什么，但就是让人感到很舒适"的空间。

无论是谁，都有自己感到"舒适"的空间，说不出理由，也解释不清楚，并且大约都有过为此空间而感动的经验。其实，室内设计就是要找到导致这种感觉的原因。

比如，本篇专栏中的这张照片，是一栋木结构住宅翻修后的样子。在原有柱子的基础上又特意增加数根柱子，形成一排柱子，并且还增加了腰墙。通过这种设计，让人觉得室内行走的距离变长了，从

设计：KAZ设计事务所　照片提供：垂见孔士

而在心理上形成宽敞的感觉。相对于白色的墙壁，通过将立柱的侧面涂成咖啡色，来突出纵深感，并且尽头厨房操作台的颜色也与之相呼应，从而起到引导视线的作用，最终使人感觉空间比实际的大小要宽敞很多。

当然，我也要提醒大家，千万不要一味地在表现"刺激五感的室内设计"上做文章，那样会让空间变得具有强制性，给人以矫揉造作之感，会令人感到不适。

第2章

建筑结构及
各部位的工法

017

室内地面的 工法

要点　室内地面处理工法分为架龙骨和直接铺装两种方法
　　　地面处理不仅表面要处理，还应考虑内在的结构

架空式地板和非架空式地板

室内地板的结构分为架空式和非架空式两种（图1）。

木造建筑中的地板一般为架空结构，其种类有：基石上铺、地面上铺、无主梁架空、小梁架空、大梁架空等。在地面和地梁（一层）或者圈梁（二层以上）上架设龙骨，再将复合板等铺装在龙骨之上，其特点是，不仅具有很好的隔热性能，而且也便于在地板下敷设配管和配线等。

非架空式的室内地面，是在平整的楼板（泛指混凝土浇筑的地面）或者平整的水泥地面上面设置基层，再直接进行材料或者涂料的施工。这种室内地面具有可承受较大荷载、耐压和不易变形的优点，同时也是控制层高的有效手法。

即使是钢筋混凝土结构的建筑，也会在楼板上设地梁和龙骨作为支承，构筑架空式地板。在公寓中，采用可调整高度的"架空地脚"代替龙骨等，在地板空腔中敷设管线的做法也被叫作"活动地板"（Free Floor）。

室内地面的表面处理

室内地面的表面处理有铺设木地板、地毯和瓷砖等多种（图2）。用水空间应具有防水性能、孩子和老人的房间应具有抗冲击性等，这就需要根据房间的用途来选择适当的表面材料。固定表面材料可使用钉子（图2②）或黏结剂。在各个房间铺设的面材不同时，有时需要通过调整基层的厚度来找平高度。

即使使用高品质的表面材料，有时也会因基层或者主体的特性及状态的缘故而无法充分发挥出其应有的性能。因此基层的施工方式和现场管理至关重要。

图1 | 室内地板铺设工法

① 架空式地板

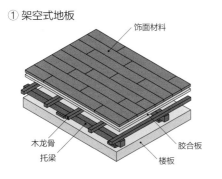

饰面材料
木龙骨
托梁
胶合板
楼板

② 非架空式地板

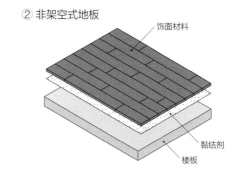

饰面材料
黏结剂
楼板

图2 | 地面表面处理的种类

① 木地板饰面及固定

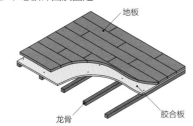

地板
龙骨
胶合板

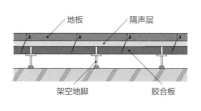

地板　隔声层
架空地脚　胶合板

② 地毯

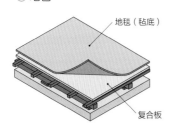

地毯（毡底）
复合板

③ 铺瓷砖饰面（干式）

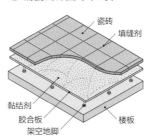

瓷砖
填缝剂
黏结剂
胶合板
架空地脚
楼板

④ 瓷砖饰面（湿式）

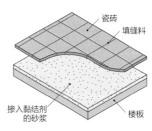

瓷砖
填缝料
掺入黏结剂的砂浆
楼板

小贴士 Pick UP 现场的各种小知识

地热供暖

　　最近，采用地热供暖的事例越来越多。这虽可让身处其中的人生活得更舒适，但对部分室内地面材料来说，却形成严酷的环境。地板干燥到一定程度便会收缩，产生翘曲等现象。即使那些适于地热供暖的材料，亦须确认后再做决定。尤其是实木地板，即使未采用地热供暖也会因季节的冷热产生变形。因此，须格外注意。

018

墙壁的工法

设计：KAZ设计事务所　照片提供：山本MARIKO

要点

木结构的墙体基层是由各种条形材料和板材所组成
钢筋混凝土结构可以保持原有清水混凝土表面

木结构的墙壁

墙壁是分割空间的垂直面，按其不同的功能，分为外墙、内墙和分户墙等。还有一种分类方法则是根据其是否作为支撑建筑物的主体，分为承重墙和非承重墙两大类。

墙壁的工法，亦因结构种类的不同而各异。例如日本最常见的木结构建筑，过去多采用"传统框架"工法建造。先在柱和梁等组成的骨架（主体框架）上制作基层面，再向基层上面进行贴壁纸、抹灰、板材施工、粉刷喷涂、贴瓷砖等的面材施工。这种时候，骨架中柱和梁外露的墙壁称为明柱墙，对柱和梁做隐蔽处理的墙壁称隐柱墙。

明柱墙，利用横撑固定网格墙芯或者固定板材。隐柱墙是通过在结构骨架间设置竖撑（垂直构件），再在这个基础上设置横撑（水平构件）制作基层，再固定板材（图1），也有不设置横撑直接固定板材的情况。面材施工也分为湿式工法和干式工法两种（表）。

在框架结构之外，也存在由墙体担负部分结构作用的木结构工法。2×4工法[1]是由剖面为2英寸×4英寸[1]和2英寸×6英寸的结构材料加上其他面材所组合而成的。

钢筋混凝土结构和钢结构的墙壁

在钢筋混凝土结构中，墙体形式主要有：采用混凝土浇筑后直接使用的清水混凝土形式；直接对墙体进行涂装，或者镶嵌瓷砖、石板和板材等的方式；另设一层基底，然后再做表面处理的方式（图2）。如另设基底，可在墙体上固定木制或钢制的横撑，再将板材固定在横撑上。

在钢结构中，其框架中的钢筋与木材一样都是条形材料，可以构成框架结构，故多半采用干式工法，先用木材和钢材构成基底，再将板材固定在上面，最后进行表面处理。

1　2×4工法，是一种19世纪在北美被开发出来的建筑施工方法，又名"框组壁工法"，主要是用2英寸×4英寸的断面木材来做框架，然后由木质面板组成墙壁，此外还有2英寸×6英寸以及2英寸×8英寸等类型。

图1 | 木结构墙壁的构成

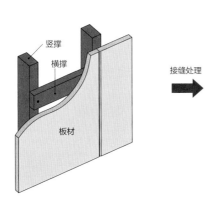

竖撑
横撑
板材

接缝处理 ➡

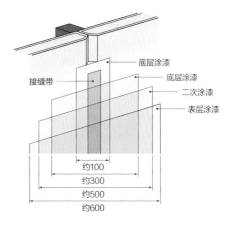

底层涂漆
底层涂漆
接缝带
二次涂漆
表层涂漆

约100
约300
约500
约600

图2 | 钢筋混凝土结构墙壁的构成

① 墙体 + 基底 + 板材

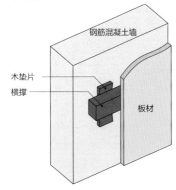

钢筋混凝土墙

木垫片
横撑
板材

② 墙体 + 板材（橡胶连接工法）

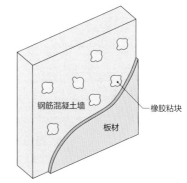

钢筋混凝土墙
橡胶粘块
板材

③ 墙体为清水混凝土

钢筋混凝土墙
（清水混凝土）

表 | 墙体表面的主要处理方法

工法	工艺种类	处理方法
干式工法	内装工艺	乙烯壁纸
		和纸壁纸
		布壁纸
		无机壁纸
	涂装工艺	AEP（氨乙基哌嗪）
		特殊油漆
		贝壳粉油漆（滚轮刷处理）
	木工艺	木板
		木块砖
	石、瓷砖工艺	瓷砖
		天然石
	金属工艺	金属板
湿式工法	瓦工工艺	贝壳粉油漆（涂刷处理）
		石灰（日式）
		硅藻土
		火山灰
		石灰（西洋）
		聚乐土墙壁

019

天花板的工法

建筑设计：今永环境计画　厨房设计：KAZ设计事务所　照片提供：Nacasa&Partners

要点　天花板的形状可改变空间形象，天花板要根据功能和目的采用不同的形状
吊顶为利用吊杆等固定顶天花板，再于上面进行面材处理的工法

形状和工法的种类

　　天花板是位于空间上方，并决定其垂直方向的领域。与要求高强度和耐久性的地面及墙壁相比，天花板因很少受到结构上的制约，故选择范围更广，而且其形状也多种多样、富于变化。尽管总体上还是以沿水平面铺展的平天花板为主，但因居住空间的功能和用途不同，有时也会采用倾斜的、阶梯的或曲面的天花板（图1）。

　　关于天花板的工法，有把楼板、房顶的面直接展示出来的"裸顶"做法，有在楼板、屋顶上进行喷涂或固定板材的"无吊顶"做法，还有用木方或螺栓来吊装的"吊顶"做法。在钢筋混凝土结构中，为使居室空间得到充分利用，可能会采用无吊顶做法。不过，现在的室内设计，大多将筒灯、间接照明、排风管和吸顶空调等藏入天花板内，因此吊顶越来越普遍（照片）。

基底和表面处理

　　不仅木结构房屋，很多钢筋混凝土结构的小型建筑，也将容易加工的木制构件作为吊顶的内部结构材料。吊顶内部结构由横梁、吊杆、主龙骨、横撑龙骨构成，在这基础上固定石膏板，再进行贴壁纸和涂装、抹灰等表面处理，如石膏板吊顶（图2①）。还有在横撑龙骨上直接固定板材的，如板式吊顶（图2②），传统和室的薄板压边吊顶，因不设横撑龙骨，故能够使结构变得简单化和轻量化（图2③）。

　　一般来说，钢筋混凝土结构和钢结构的建筑均以轻质金属来做吊顶龙骨结构。其结构与使用木材的情形相同，应设主龙骨和横撑龙骨，使用螺栓悬吊固定。在悬吊螺栓上，带有可调整天花板面高低的金属吊件。

图1 | 天花板的形状

平天花板　斜天花板　船底形天花板　阶梯天花板

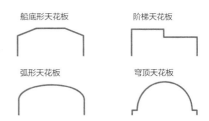

圆角天花板　折角天花板　弧形天花板　穹顶天花板

图2 | 吊顶的结构

① 石膏板吊顶

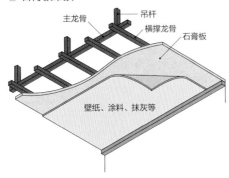

主龙骨
横撑龙骨
吊杆
石膏板
壁纸、涂料、抹灰等

② 板式吊顶

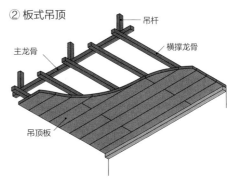

吊杆
主龙骨
横撑龙骨
吊顶板

③ 薄板压边吊顶

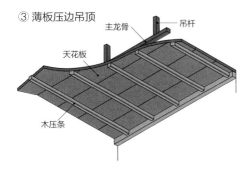

主龙骨
吊杆
天花板
木压条

照片 | 在设计中实现吊顶的装饰效果

在有装饰效果吊顶的空间中，使用者的注意力会被集中于视线中心

设计：KAZ设计事务所　策划：ARISUTO咨询公司　照片提供：山本MARIKO

小贴士 Pick UP　现场的各种小知识

天花板更需要设计

　　在规划空间时，如果按照从平面图到立面图的思路来说，天花板的设计总是排在最后阶段，因此很容易在设计上敷衍了事。然而天花板的设计恰恰是一点儿也不能马虎的。现在，建议你抬头看看空间的天花板，你会发现那里其实有很多东西。诸如照明灯具、空调室内机、火灾报警器、消防喷淋、检修口、紧急照明灯、指示灯等。在形状、大小和分属工程的类型方面五花八门，让人眼花缭乱。天花板，或许是室内设计中最需要仔细梳理的部位。

020

室内硬装
及其用材

设计：KAZ设计事务所　照片提供：山本MARIKO

要点　室内硬装系建筑主体工程完成后的内装施工工程的总称
从下门框上端到上门框下端的距离称为"内距净高"

明柱墙的硬装手法

凡主体以外的内装施工工程被称为"室内硬装"。此外，凡内距净高、壁龛、和风装饰书院、榻榻米收边、嵌入式门窗、木作家具、楼梯、壁橱以及不抹灰浆墙壁等处作为装饰的部分，相对于主体结构而言，亦可称为"硬装"。硬装材料常采用干燥的木材，这是为了避免因反翘和扭曲之类的变形而产生裂隙。

硬装用木材也会被用在地面、天花板、墙壁和门窗等的过渡收口部分。不过，将立柱等主体框架做外露处理的明柱墙（图1）与做隐蔽处理的隐柱墙（图2），在使用硬装材料的多少及其形状方面是不一样的。

传统日式房间常见的明柱墙的硬装做法，其开口周围，由下门框、上门框、横梁、楣窗等内距材构成（图3）。所谓"内距"，指两个相对构件内侧之间的尺寸。由于习惯上都将木结构建筑中下门框上端至上门框下端的距离称为"内距净高"，因此日式房间的开口周围及相关的工程及材料亦被冠以"内距"。

在内距净高中，用于门窗开合的下门框和上门框主要起着功能性作用，而横梁和楣窗则体现出更多的装饰性。因此，对内距木材料的种类和收口方法的选择，必须根据现场各部位的条件进行甄选。

隐柱墙的硬装手法

隐柱墙主要见于西式房间。然而，近来也越来越多地被用在日式房间中。因此，在隐柱墙结构的木工硬装中，地面与墙壁的收口处均要设踢脚线。踢脚线的作用是保护材料端部及防止污损，并且还可调整地面与墙壁收口处不平的部位。踢脚线的处理方法也很多，如突出于墙面的明踢脚线、陷入墙面以及与墙面齐平的暗踢脚线等。在墙壁与天花板的收口处多使用天花板角线。但有时为了显得设计更加简洁，也会选择直接收口或做凹槽处理（图4）。

图1 | 设明柱墙（日式房间）的细部

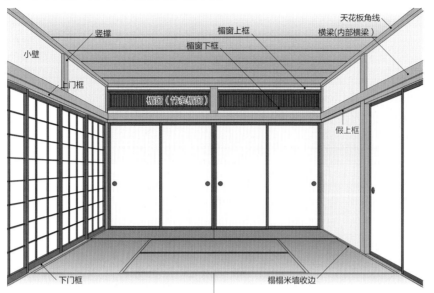

小壁
竖撑
上门框
楣窗上框
楣窗下框
天花板角线
横梁（内部横梁）
楣窗（竹条楣窗）
假上框
下门框
榻榻米墙收边

图2 | 设隐柱墙（西式房间）的细部用材

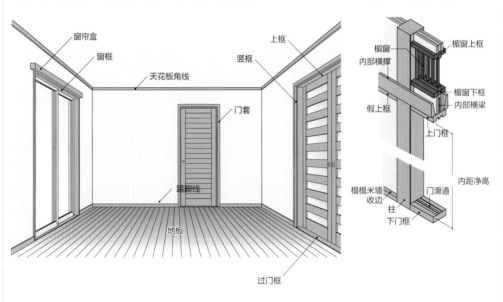

窗帘盒
窗框
天花板角线
上框
竖框
门套
踢脚线
地板
过门框

图3 | 内距周围

楣窗
内部横撑
假上框
楣窗上框
楣窗下框
内部横梁
上门框
榻榻米墙收边
柱
下门框
门滑道
内距净高

图4 | 天花板的收口

有角线   无角线   凹槽处理

021

开口与门窗

设计：KAZ设计事务所 照片提供：山本MARIKO

要点 因开合方式不同，推拉门窗与平开门窗存在很大差别
推拉门窗可使室内面积得到充分利用，平开门窗的隔断性能更胜一筹

开口的功能

以门窗为主的开口，具有连接两个被分割的空间，以及出入和透光的功能，并且还起到隔断的作用。开口构件包括：由面材和骨架组成的可动部分，以及固定于墙壁、支承可动部的外框等。

开口要具有以下功能：打开时，可采光、通风、换气和眺望；关闭时，则能耐候、防水、防风、遮光、隔声、隔热、防范和保护隐私等。假如单靠开口无法获得理想的效果，则应增设卷帘门、窗帘和百叶等。

开口还分为室外开口和室内开口，它们分别与建筑物外侧和内侧相接。墙壁和屋顶的室外开口均要求其具有较高的遮断性能；相对于此，受风雨、冷暖和直射阳光影响较少的室内开口，在木材等材料的选择上范围更广。

门窗种类

按照开合方式及其形状，可将门窗做这样的分类：推拉式、平开式、旋转式、折叠式、翻卷式和滑开式等（图1）。另外，安装在不同位置的门窗，也有各自的名称（图2）。

推拉门所需要的滑轨被收纳在开口内时，可使室内面积得到更充分的利用。而且，即使在开放状态下，也不会有什么妨碍。

平开门与推拉门相比，遮断性更容易得到保证，也有利于隔声和防盗等。对于平开门来说，考虑好门扇的开启方向至关重要。室外开口，从防雨的角度出发，门扇几乎都是外开。可是，从安全方面考虑，由走廊进入房间的门要内开，为应对紧急情况厕所门应设为外开。总之，应根据房间的用途和布局以及使用方便与否决定门的开启方向。

图1 | 按开合方式划分的门窗种类

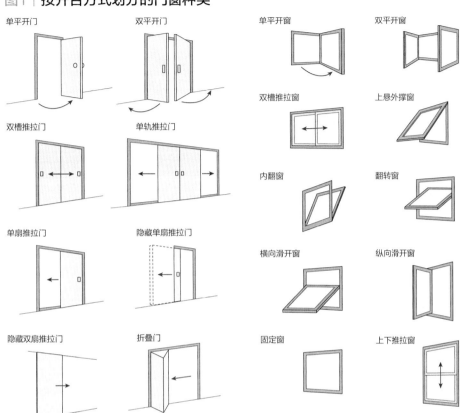

单平开门　双平开门　单平开窗　双平开窗

双槽推拉门　单轨推拉门　双槽推拉窗　上悬外撑窗

单扇推拉门　隐藏单扇推拉门　内翻窗　翻转窗

隐藏双扇推拉门　折叠门　横向滑开窗　纵向滑开窗

固定窗　上下推拉窗

图2 | 由安装位置确定的窗名称

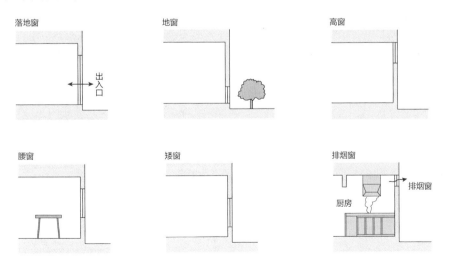

落地窗　地窗　高窗

出入口

腰窗　矮窗　排烟窗

排烟窗

厨房

022

楼梯的形状

设计：KAZ设计事务所　照片提供：山本MARIKO

要点 楼梯的坡度是由踏面和踢面的尺寸决定的
在确保强度和安全性的基础上，还需要追求美观

楼梯的坡度

楼梯各个部位的名称，如图1所示。其中，踏面和踢面会直接影响到楼梯的坡度。如果缩窄踏面、提高踢面，那么楼梯坡度将变陡；反之，扩展踏面、降低踢面，楼梯坡度则会趋缓（图2、图3）。假如楼梯坡度过陡，那么上下便会很困难，会妨碍安全通行。然而，如果楼梯坡度太缓，与人的步幅相差过多，上下同样会不方便。

踏面和踢面的尺寸，根据楼梯的不同用途，均有相应的规定（日本《建筑基准法实施令》第23条1项）。此外，作为便于上下的楼梯指标，可参考下面的公式：

$$2 \times R + T = 630（mm）$$

式中：R为踢面，T为踏面。

从安全方面考虑，踏面突沿设定为0~30 mm，若使踢面板有所倾斜，那么踏面突沿的突出部分就不那么明显，可以让设计简洁、干净。

楼梯形状的变化

楼梯是连接上下楼层、确保动线的阶梯状通道。人沿着这样的通道上下时，楼梯要承受比普通地面更多的荷载，因此必须保证其具有足够的强度。而且，作为上下楼手段的楼梯也是避险通道之一，必须考虑如何使结构满足安全上的要求。此外，还应利用纵向的余裕构筑出空间，并将表现视觉动感的设计要素功能化。

由于踏面和缓步台的组合方式多样，楼梯的形状也有不少种（图4）。直跑楼梯的上下阶梯连成一条线，被用于移动距离长、层高小的场合。双跑平行楼梯在层高中间设有缓步台，上下比较轻松。像弧形楼梯、折角楼梯和螺旋楼梯那样踏面呈辐射状配置的楼梯，必须确保踏面的有效宽度距离弧形中心不小于300 mm。

图1 | 楼梯各部分的名称

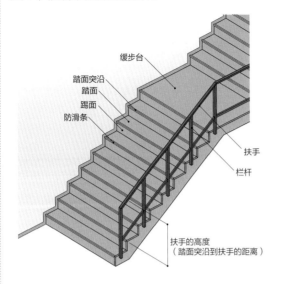

缓步台

踏面突沿
踏面
踢面
防滑条

扶手
栏杆

扶手的高度
（踏面突沿到扶手的距离）

图2 | 踏面和踢面

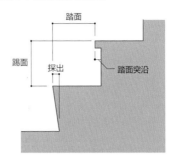

踏面

踢面

探出

踏面突沿

图3 | 楼梯的坡度

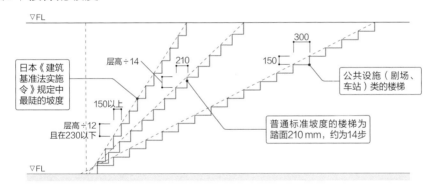

▽FL

日本《建筑基准法实施令》规定中最陡的坡度

层高÷14

210

150

300

公共设施（剧场、车站）类的楼梯

150以上

层高÷12
且在230以下

普通标准坡度的楼梯为踏面210 mm，约为14步

▽FL

图4 | 楼梯的平面形状

直跑楼梯
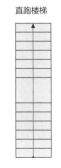

双跑平行楼梯

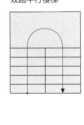

弧形楼梯
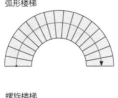

螺旋楼梯

折角楼梯（有平台）
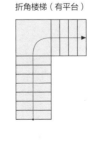

折角楼梯（无平台）
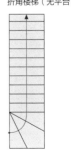

023

楼梯的结构

设计及照片提供：KAZ设计事务所

要点 踏步、踢脚、楼梯宽和缓步台等，在日本《建筑基准法实施令》中均有相应规定
木制的构件需要采用不易变形的集成材料

扶手与缓步台

为了辅助行走以及防止摔倒，通常扶手的高度为800~900 mm，缓步台的扶手为了防止人跌落，通常设为1 100 mm（日本《建筑基准法实施令》126条），有时也在内侧同时设置辅助行走的扶手。扶手一般安装在墙体上，或者通过立柱固定在地面（图1）。前者往往需要安装固定用的背板，后者立柱间的距离需要在110 mm以内，以避免幼儿从栏杆间穿过跌落。日本《建筑基准法实施令》第23条3项规定在计算楼梯的宽度时，若扶手突出墙体100 mm以上，计算楼梯宽度须扣除超出部分（图2）。

楼梯中段的缓步台，不仅可以用于转换方向，还起到了疏通交通和防止滚落的作用。住宅的层高超出一定高度时，每4 m就需要设置缓步台，同类的规定在其他的规模和用途中也有所体现（日本《建筑基准法实施令》第24条1项）。

木制楼梯、钢筋混凝土结构楼梯和钢结构楼梯的特点

木制楼梯适合用来营造温馨的空间氛围。其种类有：被踏面两侧桁板固定的斜梁楼梯、由锯齿状桁板支承踏面端部的多横梁楼梯，以及依靠单梁固定的中梁楼梯等（图3）。木制楼梯多使用不易变形的集成材料，但亦取决于设计上的需要。

充分利用混凝土墙及楼板的钢筋混凝土结构楼梯，其特点就在于可使踏面、踢面和斜梁一体化。由于楼梯本身是作为建筑主体的一部分施工的，因此让人感到稳定和牢固（图4）。

至于钢结构楼梯，需要对因结构而产生的振动和脚步声问题采取对策。如果已在工厂内焊接成型，则不可忽略怎样搬运的问题。最近，为使透过天窗的自然光照亮下层，也常常会见到使用钢化玻璃和冲孔钢板作踏面的楼梯。

图1 | 扶手的固定方式

① 通过立柱固定在地面上

② 固定在墙上

图2 | 楼梯宽度计算

扶手突出墙面超过100 mm时楼梯宽度的计算

需计算宽度

100 mm

图3 | 木制楼梯的固定方式

① 桁板固定（斜梁楼梯）　② 锯齿状桁板固定（多横梁楼梯）　③ 单梁固定（中梁楼梯）

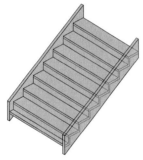
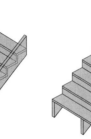
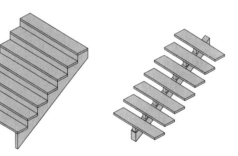

图4 | 钢筋混凝土结构楼梯的固定方式

① 与楼板结合在一起

② 依靠在结构墙上

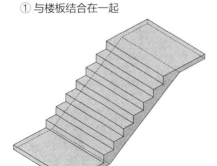
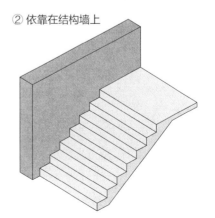

地面、墙壁和天花板应具有的性能

分类		触觉	视觉	耐久性	抗冲击性	耐磨损性	耐火性耐热性	防水性耐湿性	绝热性	耐污性	隔声遮声性	防滑程度
客厅兼餐厅	地面	◎	◎	◎	◎	◎	○	△	○	△	◎	○
	墙壁	◎	◎	○	△	△	○	△	○	○	◎	△
	天花板	△	◎	○	△	△	○	△	○	○	○	△
卧室	地面	◎	◎	○	○	△	△	△	○	△	◎	○
	墙壁	○	◎	○	△	△	○	△	○	○	◎	△
	天花板	△	◎	○	△	△	○	△	○	○	○	△
儿童房	地面	◎	◎	◎	○	○	○	○	○	○	◎	○
	墙壁	○	○	○	○	○	○	△	○	◎	○	△
	天花板	△	○	○	△	△	○	△	○	○	○	△
厨房	地面	○	○	◎	◎	◎	○	◎	○	◎	○	◎
	墙壁	△	○	◎	○	◎	◎	◎	○	◎	△	△
	大化妆	△	○	◎	○	○	◎	◎	○	◎	△	△
洗漱间	地面	○	◎	◎	◎	◎	△	◎	○	◎	△	◎
	墙壁	△	◎	○	○	○	△	◎	○	◎	△	△
	天花板	△	○	△	△	△	△	◎	○	○	△	△
浴室	地面	◎	◎	◎	○	◎	△	◎	○	◎	○	◎
	墙壁	○	◎	○	○	○	△	◎	○	◎	△	△
	天花板	△	△	△	△	△	△	◎	○	○	△	△
走廊	地面	○	◎	◎	○	◎	○	○	○	○	△	△
	墙壁	△	◎	○	○	○	○	△	○	○	△	△
	天花板	△	○	△	△	△	○	△	○	○	△	△
厕所	地面	○	○	◎	◎	◎	△	◎	○	◎	○	○
	墙壁	△	○	○	○	○	△	◎	○	◎	◎	△
	天花板	△	△	△	△	△	△	○	○	○	△	△

◎ 特别重视；○ 重视；△ 一般　　　　　注：表中数据系普通住宅指标。根据设计者和客户的想法，有时在处理上不尽相同。

在家里，几乎大部分时间我们都以这样的状态度过：身体的某个部位要与地面接触。通常，日本人习惯上要特意脱鞋进入室内，每天的生活都离不开接触地面，因此也对其更加敏感。由接触地面产生的不同的心情，还会直接造成舒适度的差别。

反之，通常手够不到的天花板，便很少有人会关注其触感和弹性如何，但会更在意视觉上的愉悦感。另外，虽然不应该忽略房间里大片墙壁的视觉效果，但因有时我们会将身体靠在墙上或用手触摸墙面，故心理感受对此所重视的程度要超过天花板。

地面、墙壁和天花板是构成建筑物的基本要素。这些要素能否让人感到满意，其侧重点亦各有不同。而且，地面、墙壁和天花板除了应具有充分的强度和耐久性，每个空间还须满足各种功能性的要求。因此，没有十全十美的情况，必须根据空间的目的和用途，分清各种功能的主次，择其要者植入设计方案中。

第3章

室内设计使用的
材料及其
表面处理

024

木材1
实木材

设计：KAZ设计事务所　照片提供：松浦BUNZEI

要点　了解木材特性，掌握木材种类和木纹特点

作为自然材料的木材的特点

树木的优点是不易导热、具有保温性和调湿性、不易结露、体轻而又坚固等，但也有缺点，如易燃、易腐、易受虫蛀、会因生节或扭曲导致强度降低或因过于干燥而出现反翘和裂纹之类的变形（图1），以及不能批量制造同质产品等。然而，作为自然材料，因其美丽的纹路和柔软温暖的触感所具有的魅力又弥补了自身的缺点。木材，是树木的干被锯分后制成的材料，主要由芯材和边材构成（图2）。芯材是靠近树芯的部分，其中略泛红色的，日语中称之为"赤身"。另外，边材是指贴近树皮的部分，颜色较浅，也叫"白材"。一般说来，芯材要比边材硬，而且强度高、不易变形和不易被虫蛀。

另外，在室内设计中实际使用的木材均需要经过干燥处理。干燥的方法分为人工干燥和自然干燥两种，在干燥至符合其用途要求的含水率后即可运出。

针叶树和阔叶树

树木大体上分为针叶树和阔叶树（表）。针叶树也被称为"软木树"，树干笔直，木质柔软，并且多为乔木，很容易制得通直的大材。阔叶树则被称为"硬木树"，多为木质坚硬的树种，但其中也有类似桐木和椴木那样比针叶树木质更软的树种。

将一根原木锯割成板材或木方被称为"制材"，而制材的好坏取决于剖切面的纹理是否漂亮。根据制材的不同方向，还可做径切和弦切的分类，彼此各有千秋（图3）。此外，原木的"木眼"切面可能会现出罕见的特殊纹路，亦称"石南纹"，应重视其所具有的珍贵价值。

表 | 木材的种类

类型	产地	树种	用途
针叶树	日本产木材	杉：秋田杉（秋田）、鱼梁籔杉（高知）、屋久杉（鹿儿岛）， 扁柏：长野县木曽、岐阜县斐木曽、和歌山县高野山， 罗柏：青森， 日本铁杉，红松，北海道松	建材、家具、雕刻、玩具、容器、木桶、筷子、木屐、浴桶、枕木、木箱和漆器木胎等
	北美产及其他地区产木材	北美扁柏、北美丝柏、北美杉、北美铁杉(hemlock)、北美松、美国樱桃、西洋白松、北美落叶松、北美针松、北美冷杉、北美红松、欧洲赤松、北美栎、北美乔松	
阔叶树	日本产木材	榉、水栎、水曲柳、杉、桐、栗、桦、壳斗、椴	地板、高级家具、高级建材和雕刻等
	南洋产木材	白沙罗双、红沙罗双、红木、花梨、黑檀、金丝檀、柚木、红桉	
	北美、中南美产木材	胡桃、白橡、白蜡、硬槭、巴西红木、桃花心木	
	非洲及其他地区产木材	苏木、古典苏木、黄金木、欧洲槲、白花崖豆木	

图1 | 木材的正面与背面

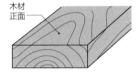
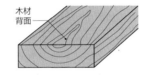
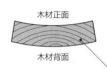

弦切板材，其正面边缘亦含有较多春材。春材干燥后收缩量大，会在木材正面形成凹陷翘曲。

上门框和下门框的情况

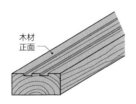

图2 | 树木结构

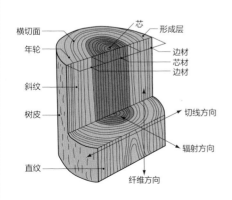

图3 | 取材

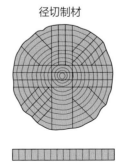
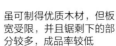

径切制材

弦切制材

虽可制得优质木材，但板宽受限，并且锯剩下的部分较多，成品率较低

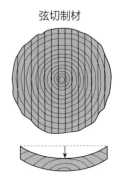

可制得宽幅板材，成品率较高，但横向易出现反翘

025

木材2
人造板

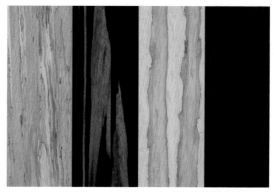

照片提供：安多化妆合板株式会社

伐采下来的原木仍可长时间生长
合理的使用实木板、人造板和贴皮板

实木板和人造板

从原木上切下来的方材和板材被统称为"锯材"。据说，伐采下来的原木还将继续生长，并且延续的时间与之前的树龄呈正比。实木板因为树种和干燥程度的缘故，也存在一定的缺点：可能产生反翘和裂纹之类的变形。"锯材"因其具有特别好的触感和厚重感，多用于制作桌椅和柜台等。另外，利用黏结剂将碎木块和薄板黏结起来制成的大尺寸板材，被称为"人造板"。主要种类有：胶合板、LVL集成板、木屑板、中密度纤维板（MDF）和欧松板（OSB）等（图1、图4）。

贴皮板和饰面板

利用木材表面的肌理，将带有罕见美丽木纹的木材刨削成薄片，则成为贴皮（图2）。按其刨削薄片的厚度，可分为薄贴皮（厚0.18～0.4 mm），厚贴皮（厚0.5～1.0 mm）和特厚贴皮（厚1.0～3.0 mm）。贴皮多作为饰面贴在基底的胶合板上，通常有3英尺×6英尺（910 mm ×1 820 mm）和4英尺×8英尺（1 215 mm ×2 430 mm）两种规格。因几乎不存在这样大的树木，故须将贴皮板拼接黏结起来。需要注意的是，这并不是简单的对接，而是要通过不同的黏结方式构成各种各样的图案（图3）。至于饰面板的价格，则因树种和木纹的不同而存在很大差异。特殊情况除外，一般3英尺×6英尺规格的每张售价从4 500日元（约人民币200元）至20 000日元（约人民币1 000元）不等。

此外，市场上不断出现的新型贴皮板，有的在品质和花色上都是以前不曾见过的。它们采用最新的染色、层压和切削技术制成，表面有着独特的花纹。有时在防火要求严格的内装设计中，如果想规避那种显得很廉价的打印表皮，也可以使用通过了防火认证的上等天然薄木板。

图1 | 人造板的分类（按构件种类、比重、制作方法和用途进行分类）

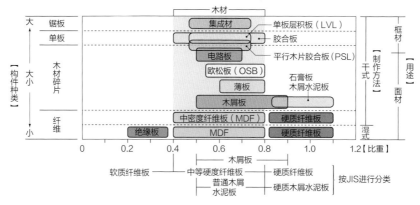

（纵轴）【构件种类】 大小

- 锯板：大
- 单板
- 木材碎片：大
- 纤维：小

（板材类型）木材：集成材、单板层积板（LVL）、胶合板、电路板、平行木片胶合板（PSL）、欧松板（OSB）、石膏板、木屑水泥板、薄板、木屑板、中密度纤维板（MDF）、硬质纤维板、绝缘板、MDF、硬质纤维板

（右侧）制作方法：框材、面材、干式、湿式
用途：框材、面材

（横轴）0　0.2　0.4　0.6　0.8　1.0　1.2【比重】

（底部）木屑板
软质纤维板—中等硬度纤维板—硬质纤维板
普通木屑水泥板—硬质木屑水泥板　}按JIS进行分类

图2 | 贴皮的削切方法

① 切薄片
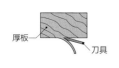
厚板／刀具

② 旋切薄片

原木／刀具

③ 半圆旋切薄片
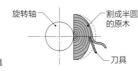
旋转轴／割成半圆的原木／刀具

④ 逆四分之一圆旋切薄片
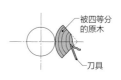
被四等分的原木／刀具

图3 | 贴皮板的粘贴方法

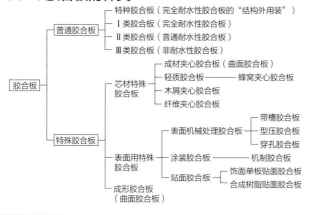

对接　拼纹接　斗形接　逆斗接　单箭接　双箭接
钻尖接　逆钻尖接　棋盘接　错接　木纹4张一组

对接与拼纹接的区别

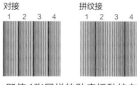

对接　1 2 3 4
拼纹接　1 2 3 4

即使4张同样的贴皮板黏结在一起，对接与拼纹接的表面效果亦迥异
（木材的破开位置相同）

图4 | 胶合板的种类

胶合板
- 普通胶合板
  - 特种胶合板（完全耐水性胶合板的"结构外用装"）
  - Ⅰ类胶合板（完全耐水性胶合板）
  - Ⅱ类胶合板（普通耐水性胶合板）
  - Ⅲ类胶合板（非耐水性胶合板）
- 特殊胶合板
  - 芯材特殊胶合板
    - 成材夹心胶合板（曲面胶合板）
    - 轻质胶合板——蜂窝夹心胶合板
    - 木屑夹心胶合板
    - 纤维夹心胶合板
  - 表面用特殊胶合板
    - 表面机械处理胶合板
      - 带槽胶合板
      - 型压胶合板
      - 穿孔胶合板
    - 涂装胶合板——机制胶合板
    - 贴面胶合板
      - 饰面单板贴面胶合板
      - 合成树脂贴面胶合板
  - 成形胶合板（曲面胶合板）

照片 | 抛光胶合板的使用案例

设计及照片提供：KAZ设计事务所

026

金属类材料

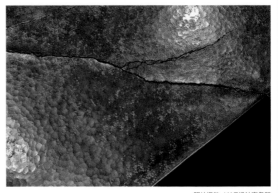

照片提供：KAZ设计事务所

要点 材料性质将影响到设计效果
了解表面处理和材料变化，可以实现更丰富的表现效果

铁和不锈钢

金属与其他材料一样，性能与加工手段密切相关。只有真正了解材料特有的性质，才能进行适当的加工并且构想出合理的设计（图2）。作为建筑和家具的材料，铁是最常用的金属材料。铁具有如下特点：强度大、加工容易、制成产品精度高、品质稳定等。由于纯铁十分柔软，因此须加入少量的碳、锰、硅、磷、硫等元素，使其性质与用途相符。其中经常添加的碳元素，其含量的多少将决定铁的硬度。在工厂内做表面处理，主要采用密胺烤漆涂装和粉体涂装等方法。若采用电镀，则以镀铬最为常见。

容易生锈是铁的缺点，而不易生锈的不锈钢，是因为在铁中添加镍、铬、钼等元素，会形成坚固的氧化皮膜（图1①）。如 SUS304（18Cr-8Ni不锈钢）便含有18%的铬和8%的镍，可用于各种表面处理，其中用得较多的是厨房的台面等

（照片）。

非铁金属

铝与钢铁相比要轻得多（密度仅为钢铁的三分之一），也很柔软。因其具有优异的耐腐蚀性、良好的加工性和较高的可回收利用性，铝的使用量逐年增加。不过，由于铝抗小曲率弯折的能力弱，焊接比较困难，因此需要在连接方法上动些脑筋。尽管如此，铝那柔和的外表仍颇具吸引力。

铜是一种容易传导电和热的材料，而且具有优异的耐腐蚀性和加工性，色彩和光泽也很漂亮。但因其强度较低，所以不适合做结构部分。在自然条件下，铜会失去光泽，发暗变黑，并生出一层泛独特绿色的铜锈（铜锈绿）。在日本的传统文化中，这种色彩有着很高的鉴赏价值。其他常用的金属材料还有黄铜、钛和铅等（图1②）。

图1｜用于室内设计的主要金属材料种类

① 铁类金属

- 铁
  - 纯铁（C 0.02%）
- 钢
  - 软钢（C 0.03~0.2%）
  - 硬钢（C 0.5%）
  - 合金钢：Cr钢（SCr）、Ni钢（SN）、Mn钢（SMn）、Cr-Mo钢（SCM）、Ni-Cr-Mo钢（SNCM）等
  - 特殊用途钢：不锈钢（SUS）
    - SUS410（13Cr）
      具有良好的耐腐蚀性和加工性 普通用途、刃具类等
    - SUS410S（13Cr-0.08C）
      在SUS410基础上提高耐腐蚀性和成型性的钢种
    - SUS410L（13Cr-低C）
      比SUS410s的C含量更低，焊接部弯曲性、加工性和耐高温氧化性均佳。
      用于排气处理装置、灶具等
    - SUS430（18Cr）
      耐腐蚀性优异的钢种，用于建筑内装、家庭器具、家电产品
    - SUS429（16Cr）
      SUS430的焊接性改良钢种
    - SUS436L［18Cr-1Mo-Ti、Nb、Zr-极低（C、N）］
      耐盐蚀能力高于SUS430，降低了C和N的含量，添加了Ti、Nb和Zr，提高了加工性和焊接性。
      用于建筑内外装、热水供给和给水器具等
    - SUS444［19Cr-2Mo-Ti、Nb、Zr-极低（C、N）］
      Mo含量比SUS436L高，提高了耐腐蚀性。用于热水储罐、水槽、热交换器和食品设备等
    - SUS304（18Cr-8Ni）
      作为高耐热不锈钢应用最为广泛。用于食品设备和一般化工设备等
    - SUS304L（18Cr-9Ni-低C）
      耐腐蚀性优异。用于制造焊接后无法热处理的零部件

    （装修：HL、BA、2B、振动、压纹加工）
  - 锻钢（SF）、铸钢（SC）
- 铸铁

② 非铁类金属

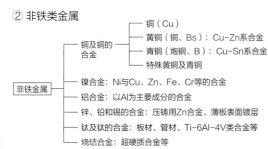

- 非铁金属
  - 铜及铜的合金
    - 铜（Cu）
    - 黄铜（铜，Bs）：Cu-Zn系合金
    - 青铜（炮铜，B）：Cu-Sn系合金
    - 特殊黄铜及青铜
  - 镍合金：Ni与Cu、Zn、Fe、Cr等的合金
  - 铝合金：以Al为主要成分的合金
  - 锌、铅和锡的合金：压铸用Zn合金、薄板表面镀层
  - 钛及钛的合金：板材、管材、Ti-6Al-4V类合金等
  - 烧结合金：超硬质合金等

照片｜厨房的操作台

SUS304 不锈钢制厨房操作台
（板厚 4mm）

设计及照片提供：KAZ 设计事务所

图2｜金属板加工种类

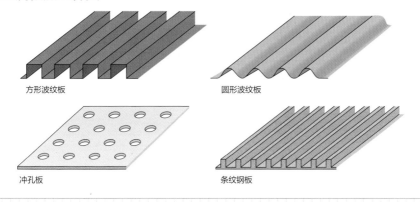

方形波纹板　　圆形波纹板

冲孔板　　条纹钢板

027

石材

设计及照片提供：KAZ设计事务所

 要点　记住石材的种类，了解其特点
同样的石材亦因表面处理方式的不同而外观迥异

石材的种类

石材最大的特点是看上去高级豪华，且存在感也非常突出（照片）。石材还有很好的不可燃性、耐久性、耐水性、耐磨性和耐酸性。因此，具有100年以上历史的建筑，在欧洲随处可见。在日本，因为更重视石材的强度，所以石材多被用于装饰。石材的缺点是，加工性差、抗冲击能力弱、价格高和笨重等，而且大块的石材取之不易。

石材可按其构成方式分为几个类别，各个类别的特点也不尽相同（表）。天然石材中的花岗岩和变质岩，常被用于铺装地面。花岗岩怕火，所以用在与火接触的场所不安全；大理石耐酸碱性差，不适合铺在男厕所小便器下的地面。要时刻记住，只有了解各种石材的特点，才不会在其使用场所和用途的选择上出错。

除了天然石材，也可使用人造石材。先用掺入大理石碎片的砂浆抹平，再将其表面抛光，即所谓"水磨石"。

表面处理

石材会因表面处理方式的不同而外观迥异。石材表面处理方式主要有抛光、水磨和烧结等。泥板岩因呈层状剥离，故常用剥离后的肌理表现天然粗犷。大谷岩的特点是空洞多且含水量较多，一般采用切割纹路和细凿琢面处理。

石材比瓷砖更大、更厚重，并且尺寸精度高，可依靠自重稳定放置。因此，无需特意留宽接缝亦能稳定铺装。从美观的角度上讲，有时接缝会影响观感，这时会采用无缝拼接。不过，即使是这种工法，为了防止水进入到石材基层，且相邻石材的硬度不一，也会对接缝进行填缝处理。

表｜主要石材的种类、性质、用途、加工

分类	种类	主要石材名称	性 质	用 途	适用处理方法
火成岩	花岗岩	（通称"花岗岩"） 白色——稻田、北木、明柱墙 褐色——惠那清 粉红色——万成、粉红布鲁诺（西班牙） 红色——皇家红（瑞典）、花心红（美国） 黑色——浮金、折壁、瑞典黑（瑞典）、加黑（加拿大）、贝尔法斯特（南非）	硬， 具有耐久性， 耐磨性佳	（板石）、 地面、 墙壁、 内外装、 楼梯、 桌面、 平台等	水磨抛光、 粗琢烧结、 细凿琢面、 花锤饰面、 錾凿粗琢、 成凹凸面
	安山岩	小松石、铁平石、白丁场	由细结晶颗粒构成的玻璃质 硬、色暗 耐磨性佳 轻石的绝热性好	（板石） 地面 墙壁外装 （方石） 石墙基础	水磨 粗琢
水成石（沉积岩）	泥板岩	玄昌石、仙台石以及中国多产的品种	层状剥离 暗色有光泽 吸水性差、强度高	葺屋顶用 地面 墙壁	粗琢 水磨
	砂岩	多胡石、米色砂岩、红色砂岩（印度）	无光泽、吸水性好 易磨损 易脏	地面 墙壁 外装	粗磨 粗琢
	大谷岩	大谷石	质地软 吸水性好 耐久性差 耐火性强	墙壁（内装） 壁炉 仓库	细凿琢面 锯割面
变质石	大理石	白色——雪花、比安可卡皿（意大利）、西贝科 米色——伯蒂奇诺·贝尔蒂诺（意大利） 粉红色——粉彩奥罗拉（葡萄牙）、挪威粉彩（挪威） 红色——罗索卡特尔（意大利）、红波纹（中国） 黑色——黑金花（意大利）、残雪（中国） 绿色——深绿（中国） 洞石——罗马河石（意大利）、田皆 缟玛瑙——琥珀缟玛瑙、富山缟玛瑙	石灰岩系经高热高压结晶而成有美丽光泽坚硬致密耐久性适中怕酸，置于室外会逐渐失去光泽	内装地面 墙壁 桌面 平台	抛光 水磨
	蛇纹岩	蛇纹、贵蛇纹	近似大理石抛光后可呈现美丽的黑、深或白色花纹	内装地面 墙壁	抛光 水磨
人造石	水磨石	种石——大理石、蛇纹岩		内装地面 墙壁	抛光 水磨
	仿石（铸石）	种石——花岗岩、安山岩		墙壁 地面	细凿琢面

注：石材名称，往往会因销售商不同而存在差异。

照片｜用石材装饰的走廊

公寓改造案例。左侧墙壁由变化的绿蓝色墙面、泥板岩及其他素材构成，视线被吸引到里面的塔里艾森式照明灯具上

设计及照片提供：KAZ设计事务所

028

瓷砖

设计及照片提供：KAZ设计事务所

要点 需要了解瓷砖的种类及其区别
应将接缝看作设计的一部分

瓷砖种类

瓷砖本来是一种陶瓷器产品的总称，这种陶瓷器产品先以含有黏土及岩石成分的天然石英和长石等为原料制成薄板，然后再进行烧结。它的优点是：有较好的耐火性、耐久性、耐药性和耐候性；缺点是：不易制成大规格产品，抗冲击性差。瓷砖可分别按用途、材质、形状、尺寸和工艺加以分类。

根据烧结温度的不同，瓷砖被分成瓷质、炻质、陶质等类别（表）。另有一种被称为半瓷质的，则包含在陶质中。此外，还可将其分为施釉和无釉两类，施釉的瓷砖要先涂釉后烧结。

单片尺寸为50 mm见方以下的瓷砖被称为"马赛克"，可由其拼接出各种图案，表现力十分丰富且颇受欢迎（照片）。最近，又出现很多用玻璃质材料制成的马赛克，那种透明感很吸引人。随着工艺技术的提高，大尺寸的优质瓷砖也能够生产了，而且有着马赛克一样的人气。有一种

用来铺装室内外地面的赤土陶砖，也叫作"素烧砖"，由于外表古朴而为人们所喜欢。只是它吸水率较高，容易被污染或者出现泛碱现象。因此，须使用防水材料或者对其进行打蜡处理。另外，素烧砖一般较厚，需要调整铺装和收口的方法。也有另一种赤土陶砖，可表现出素烧砖的质感，同时也克服了上述的缺点。

接缝的设计

瓷砖与瓷砖之间的连接部分被称为"接缝"。适当处理过的接缝，不仅具有防止水渗入瓷砖背面避免瓷砖剥离或翘起的功能，而且还能将尺寸精度不高的瓷砖铺装得整整齐齐（图1、图2）。接缝在设计上也很重要，最近发现不少这样的设计：利用凹接缝突出阴影。在过去，接缝只有单一的颜色，现在，已经有了产品化的彩色美缝。即使使用相同的瓷砖，亦会因接缝颜色的不同，而给人留下很不一样的印象。

表 | **瓷砖种类**

质地	吸水率	烧结温度	日本产地	进口瓷砖产地
瓷质	1%	1 250℃以上	有田、濑户、多治见、京都	意大利、西班牙、法国、德国、英国、荷兰、中国、韩国
炻质	5%	1 250℃左右	常滑、濑户、信乐	
陶质	22%	1 000℃以上	有田、濑户、多治见、京都	

图1 | **接缝种类**

 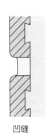 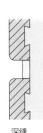  

平缝　　　　　　凹缝　　　　　　深缝　　　　　　圆缝　　　　　　密接

图2 | **瓷砖铺装方式**

对接

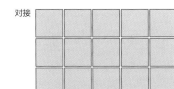

错接

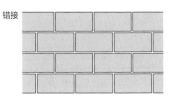

照片 | **铺瓷砖的走廊**

设计：KAZ设计事务所　照片提供：Nacasa & Partners

029

玻璃

设计及照片提供: KAZ设计事务所

 要点 了解玻璃所具有的两面性，将玻璃的特点应用在设计上

玻璃是否很脆弱?

玻璃有两个性质，一是因为由液体凝固而成，故具有称为"玻璃质"的流体性质。另外因其矿物质的性质，其坚硬的程度只有使用最硬的金刚石才能切割。

前者在新派美学艺术中的灯具和花瓶上有所体现，后者则可从捷克的雕花玻璃、江户切子和萨摩切子的璀璨玻璃泛光上得到体现。一般认识中，玻璃都很脆，容易破裂，其承受拉伸和冲击的能力很弱，但耐压的能力却非常强。

室内设计中使用的玻璃大多是玻璃板（图），以浮法工艺制成的平滑无形变的"浮法玻璃板"为主，并对其进行二次加工。近些年来，玻璃质的高级台上洗面盆也被广泛应用。

玻璃的用法

玻璃最大的特点是它透明的特性。厚度为5 mm的透明浮法玻璃板其可视光线的透过率可达到89%。但是玻璃自身带着绿色属性，且随着厚度的增加颜色也越来越深。店铺常用这种绿色来强调室内的边沿质感（照片1）。玻璃还具有直接透过性，受到光的照射之后光可以透过到反面去，这同样是店铺设计中的常用手法。比如，因其透光性和高度装饰性，玻璃砖和玻璃马赛克常用于墙体的装饰（照片2）。

此外，光纤获得利用了玻璃的这一属性，近年来多用于照明中。比如，为室内游泳池安装水中照明时，如果采用光纤系统，则不必为了换照明器具而将泳池中的水抽干。再比如，由设在大厦屋顶上的采光机收集的阳光，通过光纤进入地下室，用于培养植物。

图｜玻璃种类

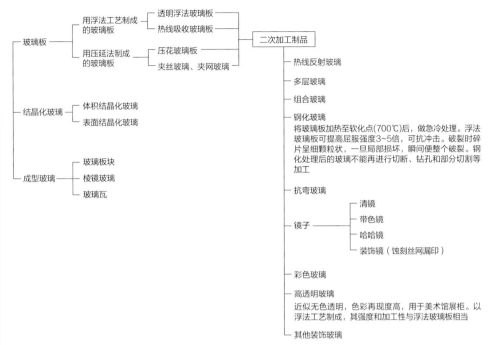

- 玻璃板
  - 用浮法工艺制成的玻璃板
    - 透明浮法玻璃板
    - 热线吸收玻璃板
  - 用压延法制成的玻璃板
    - 压花玻璃板
    - 夹丝玻璃、夹网玻璃
  - → 二次加工制品
    - 热线反射玻璃
    - 多层玻璃
    - 组合玻璃
    - 钢化玻璃
      将玻璃板加热至软化点(700℃)后，做急冷处理。浮法玻璃板可提高屈服强度3~5倍，可抗冲击。破裂时碎片呈细颗粒状，一旦局部损坏，瞬间便整个破裂。钢化处理后的玻璃不能再进行切断、钻孔和部分切割等加工
    - 抗弯玻璃
    - 镜子
      - 清镜
      - 带色镜
      - 哈哈镜
      - 装饰镜（蚀刻丝网漏印）
    - 彩色玻璃
    - 高透明玻璃
      近似无色透明，色彩再现度高，用于美术馆展柜。以浮法工艺制成，其强度和加工性与浮法玻璃板相当
    - 其他装饰玻璃
- 结晶化玻璃
  - 体积结晶化玻璃
  - 表面结晶化玻璃
- 成型玻璃
  - 玻璃板块
  - 棱镜玻璃
  - 玻璃瓦

照片1｜玻璃格架

设计及照片提供：KAZ设计事务所

照片2｜玻璃砖与玻璃马赛克

设计及照片提供：KAZ设计事务所

030

树脂1

塑料类内装材料、涂料和黏结剂

设计：KAZ设计事务所　照片提供：山本MARIKO

要点　我们在塑料的包围中生活
使用环保等级高的黏结剂、涂料和室内装饰材料

塑料类内装材料

所谓树脂，原本指天然树脂，从古代开始就作为涂料使用，尤其被当成珍贵的船只防水材料。不过，到了现代，通常所说的树脂，多指合成树脂，并且几乎都以石油作为原料，其性质与天然树脂十分相近。

如今，在室内装修中会用到各种各样的树脂制品。其中被称为"壁纸"的材料，差不多都是以聚氯乙烯为主料制成的一种乙烯壁纸。在用水空间或大型的空间中，也多使用塑料类地面铺装材料。塑料类地面铺装材料分为卷材和片材。卷材还分为有、无发泡层两种。无论是片材还是卷材都有不同的厚度、性能、缓冲性和图案等，形成了各类产品线，可根据使用场所及所要求的条件进行选择。广义上来

讲，地毯和窗帘等的合成纤维，其实也是塑料类材料。由此可见，我们身边的塑料已多到何种程度（表1）。

涂料和黏结剂

塑料类地面铺装材料使用时，自然也会像铺地板那样使用黏结剂。不过，这是一种树脂类的黏结剂。还有地板和家具为防止污损也要进行涂装，其中多使用树脂类涂料。此外，类似工厂、医院和实验室等不适合有接缝的房间地面，使用树脂类涂料做表面处理的也不少。

然而，最流行的地面铺装仍是实木地板，树脂类涂装材料毕竟缺乏天然材料的质感。因此，以天然涂料和蜂蜡等做表面处理的地板又多了起来。

表1 | 塑料种类

树脂的种类		用途等
热塑性树脂	聚乙烯树脂	吹塑成形的椅背及椅座、家庭用塑料袋和啤酒瓶转运箱等
	聚丙烯树脂	座椅被套、扶手、靠背芯材、打包带等
	氯乙烯树脂	桌面饰边材、编织物及合成革、农用薄膜、硬质管等
	ABS 树脂	桌椅回转装置连接盖板、电气仪表外壳等
	聚酰胺（尼龙）树脂	椅子腿帽、万向脚轮、齿轮、滚轴等驱动部分和电气仪表外壳等
	聚碳酸酯树脂	家具门的面材、照明器具等
	丙烯酸树脂	家具、隔断、广告牌、仪表盘、冰箱及风扇的部件等
热固性树脂	酚醛树脂	椅座（浸入层合板中使之强化）、防水胶合板用黏结剂等
	不饱和聚酯树脂	椅座、浴槽、防水盘等
	密胺树脂	桌面材（密胺饰面板）等
	聚氨酯树脂	椅座缓冲材（聚氨酯垫、聚氨酯成型材）、泡沫块、弹性块、合成革、涂料等
可降解树脂	微生物生产树脂、以淀粉为原料的树脂、化学合成的树脂	—

表2 | 按甲醛挥发速度所做的分级及其限制

JIS、JAS的分级	甲醛挥发速度※	建筑材料区分	内装施工限制
F☆☆☆☆	在0.005 mg/(m³h)以下	不受日本《建筑基本法》规范限制	不限制使用
F☆☆☆	从0.005 mg/(m³h)至0.02 mg/(m³h)	第3种甲醛挥发材料	限制使用面积
F☆☆	从0.02 mg/(m³h)至0.12 mg/(m³h)	第2种甲醛挥发材料	限制使用面积
—	超过0.12 mg/(m³h)	第1种甲醛挥发材料	禁止使用

※测定条件：温度28℃、相对湿度50%、甲醛浓度0.1 mg/m³（=仪表值）

小贴士！ 现场的各种小知识
Pick UP

病住宅（Sick House）综合征

　　"病住宅综合征"，是指因为室内空气污染所造成的各种健康危害。自20世纪90年代起，由黏结剂和涂料等所含挥发性有机物（VOC）引起的"病住宅综合征"便成为严重的问题。为此，各家厂商相继开发出多种VOC散发量较少的室内装饰材料、壁纸、黏结剂和涂料。2003年，修订后的日本《建筑基准法实施令》，又根据甲醛挥发速度做了分级（表2），使之成为法律规范。分级用F加2~4个☆来表示，其中只有F☆☆☆☆可以不受限制的使用。F☆☆和F☆☆☆则表示在有限制条件下使用。不过，由于厂家的努力，目前正在销售的黏结剂和涂料几乎都属于F☆☆☆☆级，可以放心使用（在中国装修装饰材料的环保标志为"中国环境标志认证"，俗称"十环认证"）。

031

树脂2
用于家具面材和产品的树脂

设计：KAZ设计事务所　照片提供：杜邦·MCC株式会社

要点　了解日新月异的树脂加工技术
被人们关注的循环再利用和可降解树脂

作为家具面材的树脂

有很多家具使用树脂类材料作为表面处理材料，其会使用聚酯饰面板、密胺饰面板、氯乙烯膜和烯烃片等。与现场喷涂工艺相比，树脂类材料不仅成本低，而且能够做到更加平整。另外，因为适用于批量生产，所以在制造整体厨房、全屋定制和办公家具等的过程中树脂类材料得到广泛应用。

过去，凡贴树脂层合板的家具都被看成廉价货。随着其工艺技术水平的不断提高，现在不仅可显示木纹的凹凸，甚至能够极其仿真地表现木纹，极大地拓宽了其使用范围，但仍不受一般住宅设计师的喜欢。从性价比的角度出发，它最常用在洗面台附近。

另外，近来厨房台面多采用人造大理石，其中一大部分所用的材料就是甲基丙烯酸类树脂（照片）。

用于产品的树脂

除了用于表面处理之外，看看我们周围，会发现有许多小物件和家具等也由树脂制成。它们先通过各种加工方法成形，做成商品（表）。在对树脂做成形加工时，需要大量的金属模具。由于金属模具的造价很高，因此不适合单件小批量产品的生产。

不过，随着计算机技术的发展，零部件及其加工工具的设计已逐渐三维数字化。利用这些数据，进一步提高了由电脑控制的加工技术，通过使用数控（NC）切削工艺和光固化树脂的光成型方法，使单件小批量生产成为可能。

另外，树脂亦因成为破坏环境的要素之一而备受指责。所以，近些年来，人们又将关注的焦点放在树脂的再利用、焚毁技术和可降解等方向。

表 | 树脂加工方法

成型方法	加工的树脂	方法
注塑成型	热塑性树脂 热固性树脂	将熔融的树脂注入金属模内成型，适合大批量生产，并可制成复杂形状。多用于较小的零部件
挤出成型	热塑性树脂	熔融树脂被连续挤入金属模内，制成品截面恒定。因模具造价低，故多用于售价便宜的产品
中空成型（吹塑）	热塑性树脂	用金属模夹住树脂，向中间吹入空气，使之成为气球状，最后成型。用于制造椅座和PET瓶等
真空成型	热塑性树脂	将片状树脂加热使之软化，再将空气从设在模具上的孔抽出，使软化的树脂片被吸附在模具内壁上成型。用于制造照明灯具的伞罩和餐具托盘等
压缩成型	热塑性树脂 热固性树脂	将加热后的树脂填入金属模，再根据需要抽出气体，同时依靠压力和热量使之成型，待冷却后取出

照片 | 树脂制品示例

吸油烟机盖面板：抗菌密胺不燃饰面板
为不让人注意到吸油烟机，对其做与家具同样的表面处理

台面：人工大理石
使用可无缝拼接的人造大理石做饰面。因与现场组装的厨柜之间没有接缝，成为一体，故整个台面均可利用

墙面：抗菌密胺耐燃饰面板
可提高炊具周围受热墙面的耐磨性和耐热性。因材料规格较大，故铺装后接缝也少

柜门：密胺饰面板
柜门使用耐磨性优异的密胺饰面板

内部：聚酯饰面板
厨柜内部，从性价比上考虑，使用较密胺饰面板更便宜的聚酯层合板

台面：人造大理石
厨房操作台的面板因经常沾水，故使用防水性优异的人造大理石

厨柜侧面：密胺饰面板

设计：KAZ设计事务所　照片提供：垂见孔士

小贴士 Pick UP ! 现场的各种小知识
亚克力

　　亚克力（丙烯酸树脂）是合成树脂中透明度极高的一种。因此很早就成为玻璃的代用品。到了20世纪60年代后期，在设计师仓俣史郎的作品中，有许多大量采用亚克力的家具和物件。从此，亚克力不仅成为一种可用材料，而且其加工技术也日益提高。继仓俣史郎之后，有许多设计师开始将亚克力用于家具和内装。

　　笔者作为其中的一员，也曾做过一些尝试。"fata"就是用透明亚克力夹住镜片，使之类似于在宇宙中飘浮的装饰品。那映照在镜中的天宇影像，让人产生一种难以捉摸的虚幻感，就好像镜子里现出精灵一样梦幻（右侧照片）。"cubo"是一幅放在金属平板凹陷处的照片，只将亚克力方框的上半段显露出来。侧面则完全隐蔽起来，仅让周围的风景透过其正面（左侧照片）。

照片提供：KAZ设计事务所

032

纸类材料

照片提供：株式会社和纸来步

要点 日本的和纸在世界上的知名度越来越高
纸作为廉价的室内装修材料，自古以来便广受欢迎

引人注目的和纸

在日本，纸张按照所使用的原料分成和纸与洋纸两大类。和纸以构树、结香、雁皮树为原料，洋纸的原料则是纸浆。和纸的纤维要比洋纸长，被认为更结实。因此，和纸作为一种文物修复材料，在世界各地被广泛使用。并且，也被用来制作工艺品和家具，以及一些需要长久保存的物件（照片1）。

在日本的室内设计中，和纸从很早开始就被用于障子、拉门和屏风等。近些年来，和纸在世界上的知名度越来越高。以主要产地命名的和纸有"越前和纸""美浓和纸""土佐和纸"等。

生产效率低，决定了和纸的价格高。再加上廉价洋纸的排挤，导致和纸的使用量逐年减少。不过，值得注意的是，和纸各产地也正尝试着发挥自己在特色上的优势。

另外，亚胺纸虽不是和纸，但因其耐火、耐热性好，透光时与和纸十分相像，故亦常被用来制作灯罩。

纸类材料的拓展

尽管如今已几乎变成乙烯壁纸的天下，但如同"壁纸"的叫法一样，它原本是纸。这种最初始于中国的技术，首先被传到欧洲。19世纪后期，在由威廉·莫里斯设计的壁纸上，便印有许多以植物为题材的图案（唐草纹样）。然后随着批量生产技术的逐步实现，印有唐草纹样的壁纸被推广到全世界（照片2）。至于洋纸的材料纸浆，则是由木材制成。

正因为如此，纤维板的表面看上去也像一张纸。其中的硬质纤维板虽然按照流通路径来说也被划入木质材料一类，但从成型工艺等方面考虑，或许亦可将其看成纸类材料。

照片1｜将和纸封入亚克力的板材

照片提供：株式会社 和纸来步（DACRYL W-025）

照片2｜威廉·莫里斯壁纸

设计：KAZ设计事务所 照片提供：山本MARIKO

小贴士 PickUP 现场的各种小知识

纸管与纸板

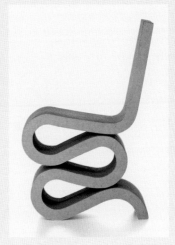

自20世纪80年代后半期开始，建筑师坂茂便尝试用纸管营造建筑物。其中印象尤为深刻的是，在阪神淡路大地震期间他为灾民搭建的临时住宅和教堂。除此之外，他还设计了其他一些用纸管作材料的建筑。另外，对于包装用的硬纸板，我们也很熟悉。1972年，弗兰克·盖里最早设计出使用硬纸板制作的家具——瓦楞纸褶皱椅。

轻质是纸的特点，而纸管和硬纸板的恒定方向性又极高，再加上其有很高的强度，综合起来使之成为一种颇具吸引力的材料。最近，通过对纸做特殊处理，增强了原本是纸的弱点的耐水性和耐火性，从而使其作为内装材料的可能性进一步提高。

瓦楞纸褶皱椅（wiggle side chair），弗兰克·盖里
照片提供：hhstyle.com青山本店

033

榻榻米与植物纤维类铺地材料

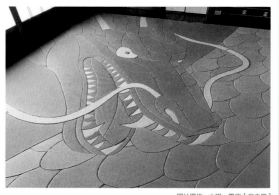

照片提供：山田一畳店［龙之席］

要点 榻榻米是适合日本风土的室内装饰材料，榻榻米具有抗菌性

榻榻米

榻榻米是由藤和稻草制成的席身和覆盖在其上的一层蔺草编织成的席面组成（图）。榻榻米具有较好的弹性、保温性和隔声性。日式房间的氛围之所以让人感到静寂和恬适，也是因为主要使用榻榻米、纸、土和木材作为空间构成元素的缘故。

这些材料无一不具有良好的吸声性。而且，像木材那样既可吸收水分，又能释放湿气的材料，更适合在日本的高湿度环境中使用。另外，它色调柔和、清香愉人，还具有抗菌性。

榻榻米为长宽比1∶2的长方形（1席）或正方形（半席）。短边侧由榻榻米席面延展过来，长边一侧用席缘包边。最近，又出现一种没有席缘的不包边榻榻米（照片1）。榻榻米的席面分为"备后席面"和"琉球席面"两种。琉球席面因耐久性好，故可用于不包边榻榻米。年深日久的话，席面会逐渐褪色或被磨破。因此，

需要定期翻面（翻席面）和更换（换席面）。

最近，还见到采用合成纤维编织成的席面，或只是在表面压出类似草席那样花纹的席面，还有一种榻榻米（化学榻榻米），其席身为纤维板或者聚苯乙烯的层合板。虽因质轻搬运起来很轻松，但透气性和踏在上面的感觉却不尽如人意。相对于这种榻榻米，使用稻草和藤制成席身的床垫被称为"传统榻榻米"。

植物纤维类铺地材料

作为地面铺装材，除了榻榻米之外，还可使用藤、竹、剑麻和椰棕等。先用这些材料制成边长300～500 mm的片材，这需要在设计初期计算好用量和形状。还有类似地毯一样可以铺设的卷材（照片2）。这种材料能够承受频繁踩踏（即使很多人穿鞋在上面行走也无妨），因此也可用于大型公用设施的地面铺装。

图｜榻榻米

榻榻米各部分名称

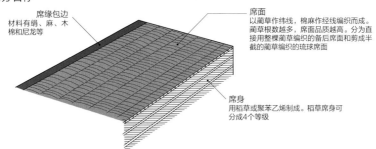

席缘包边
材料有绢、麻、木棉和尼龙等

席面
以蔺草作纬线，棉麻作经线编织而成。蔺草根数越多，席面品质越高。分为直接用整棵蔺草编织的备后席面和剪成半截的蔺草编织的琉球席面

席身
用稻草或聚苯乙烯制成。稻草席身可分成4个等级

榻榻米席身的种类（传统榻榻米）

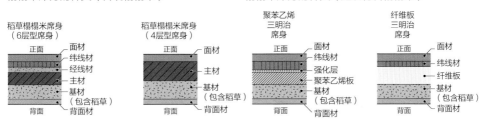

稻草榻榻米席身（6层席身）
正面
纬线材
经线材
主材
基材（包含稻草）
背面材
背面

稻草榻榻米席身（4层型席身）
正面
面材
主材
基材（包含稻草）
背面材
背面

榻榻米席身的种类（建筑材料榻榻米）

聚苯乙烯三明治席身
正面
面材
纬线材
强化层
聚苯乙烯板
基材（包含稻草）
背面材
背面

纤维板三明治席身
正面
面材
纬线材
纤维板
基材（包含稻草）
背面材
背面

照片1｜铺不包边榻榻米的房间

设计：KAZ设计事务所　照片提供：山本MARIKO

照片2｜可铺设的卷材——西沙尔麻地毯

设计：KAZ设计事务所　照片提供：山本MARIKO

034

布料与地毯

设计：KAZ设计事务所　照片提供：山本MARIKO

纤维有天然纤维和化学纤维两种
不只是地毯的种类，不同的铺装方法也会影响空间的氛围

纤维和布料的分类

布料的纤维可分为天然纤维和化学纤维两种。天然纤维又分成棉麻之类的植物纤维，以及丝绸、羊毛、羊绒和马海毛等动物纤维。除此之外，还有矿物纤维。

天然纤维的特点是：触感好、耐火性好，有吸水性以及突出的染色性等。但也有它的缺点：易被虫蛀，价格较高。与此相对，化学纤维虽然很适宜批量生产，价格便宜，而且耐磨性突出，但却易燃，不具吸水性。此外，易产生静电也是化学纤维的缺点。人造丝、丙烯酸树脂、尼龙和涤纶等均为有代表性的化学纤维。

用这些纤维织成的产品统称为"布料"，依据加工方法的不同，可分为纺织品、针织品、网织品、毡毯和无纺布等。

在室内设计中的应用

布料的吸声性、绝热性、保温性和触感都比较好。因此，常被用来制作室内设计中的窗帘、地毯、椅子和沙发的包面、卧具和台布等。地毯虽具有较好的踩踏感、保温性、安全性、吸声性和节能性，但其不足之处是毛绒内易落入灰尘且易被水浸湿。因此，像厨房、洗漱间和厕所那样沾水的地面，几乎都不能铺设。

根据制作方法和表面肌理（绒毛形状）地毯也被分成许多种类（图1、图2）。

地毯的铺装方式有满铺、局部铺、不固定铺和固定铺等，其中满铺最为常见。固定方法多使用"卡钩固定"的铺设方法，即先在房间四周地面上用钢钉安设带卡钩的木条，再将地毯铺开挂在卡钩上固定。

图1 | 地毯按制作方法分类

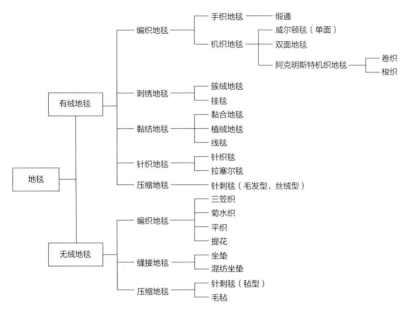

```
地毯
├── 有绒地毯
│   ├── 编织地毯
│   │   ├── 手织地毯 ── 缎通
│   │   └── 机织地毯
│   │       ├── 威尔顿毯（单面）
│   │       ├── 双面地毯
│   │       └── 阿克明斯特机织地毯
│   │           ├── 卷织
│   │           └── 梭织
│   ├── 刺绣地毯
│   │   ├── 簇绒地毯
│   │   └── 挂毯
│   ├── 黏结地毯
│   │   ├── 黏合地毯
│   │   ├── 植绒地毯
│   │   └── 线毯
│   ├── 针织地毯
│   │   ├── 针织毯
│   │   └── 拉塞尔毯
│   └── 压缩地毯 ── 针刺毯（毛发型、丝绒型）
└── 无绒地毯
    ├── 编织地毯
    │   ├── 三笠织
    │   ├── 菊水织
    │   ├── 平织
    │   └── 提花
    ├── 缝接地毯
    │   ├── 坐垫
    │   └── 混纺坐垫
    └── 压缩地毯
        ├── 针刺毯（毡型）
        └── 毛毡
```

图2 | 地毯按编织纹理分类

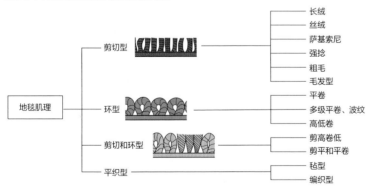

```
地毯肌理
├── 剪切型
│   ├── 长绒
│   ├── 丝绒
│   ├── 萨基索尼
│   ├── 强捻
│   ├── 粗毛
│   └── 毛发型
├── 环型
│   ├── 平卷
│   ├── 多级平卷、波纹
│   └── 高低卷
├── 剪切和环型
│   ├── 剪高卷低
│   └── 剪平和平卷
└── 平织型
    ├── 毡型
    └── 编织型
```

035

窗帘

设计：KAZ设计事务所　照片提供：山本MARIKO

要点　窗帘在室内设计中的作用日益受到重视
根据窗帘种类，确定其安装方式（悬挂方式）

窗帘的类型

为使窗户的功能更加完善而增设的装置，被统称为"窗帘系统"。窗帘系统有很多种（表）。

窗帘是可以调节来自外部的光线和视线的一块布料。安装在滑轨上、透光性较低的叫作"垂幔"，透光性高的称为"纱帘"。

将遮光性能提高后的垂幔作为遮光窗帘，有时需单独悬挂。通常，纱帘在垂幔外侧，并与垂幔组合在一起。但这也要根据窗帘的用途和主人的生活方式，因地制宜地进行处理。决定窗帘外观效果的要素，是被称为"襞"的表面褶皱。这样的褶皱分为双重褶、三重褶和对褶等类型。褶的数量越多，窗帘的装饰性越强，但所用的布料也更多（图1）。最近，为了适应简约的生活方式，开始流行一种无褶的平窗帘。

窗帘的安装

窗帘滑轨是室内设计中的重要元素。其中，不仅有滑轮移动型的铝制和不锈钢制滑轨，还有穿环的金属或木制的滑杆型，以及钢线型等多样化的形式（图2）。

此外滑轮、挂钩和钢线的种类也在变多，还有很多将流苏和挂钩之类的窗帘配件与设计相结合的形式。

窗帘的安装还有用窗帘盒将滑轨遮蔽起来，突出窗帘布料的美感的。如果窗帘盒能用与窗框相同的材质制作，那么会给人以更规整的印象。同样，也可简单地将滑轨隐藏在天花板内，这与在墙壁上安装窗帘盒有着同样的效果（图3）。

表｜窗帘系统的分类

类型	名称
上下开合	威尼斯百叶窗
	木制百叶窗
	竹帘
	卷帘
	褶帘
	罗马帘
	蜂房帘
左右开合	立式百叶窗
	板幕垂帘（面板窗帘、遮阳板）
	平窗帘
	遮光帘
	纱帘
	隔扇

图1｜褶皱种类

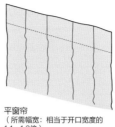

平窗帘
（所需幅宽：相当于开口宽度的
1.1～1.2倍）

双重褶
（所需幅宽：相当于开口宽度的
1.5～2倍）

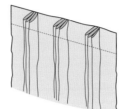

三重褶（所需幅宽：相当于开口宽度的
2.5～3倍）

图2｜各种悬挂方式

吊带式

系带式

镶环式

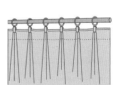

吊环式

图3｜窗帘的各种安装方式

窗帘滑轨

无窗帘盒

窗帘盒

固定于墙面

普通窗帘盒，材质
多与窗框一致

固定于天花板

可将窗帘最大程度
展现，处理上应与
材料的木纹或者天
花板表面相搭配

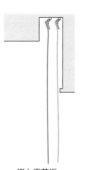

嵌入天花板

虽然工法简单，但是
需要多占用部分天花
板内的空间，而且需
要使用较多的布料

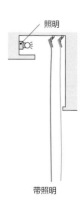

照明

带照明

可以让窗帘更具
梦幻色彩

036

百叶窗

照片提供：NANIKU JAPAN株式会社

要点 近年来，木制百叶窗越来越引起人们的关注
窗帘系统可以使窗周边更加美观且具有功能性

百叶窗

百叶窗是一种安装于窗内侧，通过翻转叶片调节日照光线身入室内的强度，且可以挡住外面视线的装置。百叶窗大体上分为两种，叶片横向排列的被称为"威尼斯百叶窗"（图1），竖着排列的被称为"垂直百叶窗"（图2）。

威尼斯百叶窗的叶片主要用铝制成，各个厂家均有多种颜色的叶片可供选择，也容易与室内设计其他部分的色彩调和。至于叶片的宽度，如今则多采用狭条型。百叶窗尽管存在易积尘和易折的缺点，但目前正不断进行改善。另外，木制百叶窗最近也重新回到人们的视野中（照片），通过对其调节装置的改良，已经可以灵活地升降。木制百叶窗的叶片，宽度为25 mm或50 mm。日本国内厂商销售的叶片，色彩比较单调；而其他国家生产的叶片，可供选择的颜色多种多样，完全能够像铝制叶片那样与室内设计其他部分的色彩调和。除此之外，市场上还可见到一种皮革制的百叶窗。

其他类型的百叶窗

百叶窗还有以下几种：利用弹簧机关收纳的卷帘、看似垂幔但具有卷帘操控性的罗马帘（表）、用加工后带褶皱的无纺布制成的升降式褶皱幕帘、平帷窗帘像拉门一样滑动的面板式幕帘、褶皱幕帘截面结构形态似蜂巢并提高了绝热遮声性能的蜂房式幕帘等。

日本古代就有的竹帘和苇帘，再扩大至纸质门扇之类，可以说都属于窗帘系统。

图1 | 威尼斯百叶窗的各种开合方式

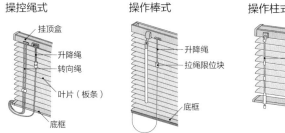

操控绳式
- 挂顶盒
- 升降绳
- 转向绳
- 叶片（板条）
- 底框

操作棒式
- 升降绳
- 拉绳限位块
- 底框

操作柱式
- 立柱

齿条式
- 操作齿条

图2 | 垂直百叶窗的结构

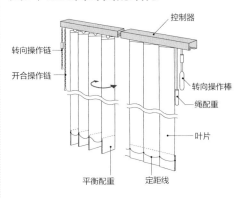

- 控制器
- 转向操作链
- 开合操作链
- 转向操作棒
- 绳配重
- 叶片
- 平衡配重
- 定距线

照片 | 木制百叶窗

与铝制百叶窗相比，木制百叶窗看上去更温馨，可营造出优雅怡人的空间

照片提供：
NANIKU JAPAN
株式会社

表 | 罗马帘种类

项目	平帷窗帘	锋刃窗帘	球囊窗帘	奥地利窗帘
款式				
特征	缝翼以一定间隔向上升起，是罗马帘中最简约的基本类型。可选用宽幅面料	面料与衬片叠合在一起如同锋刃一样，外表十分规整	升起时，自两端向中央下垂成球囊状	可像装饰帘那样起到烘托氛围的作用，多被用于酒店大堂和剧场等

小贴士 现场的各种小知识
Pick UP 威尼斯百叶窗

为什么将横向百叶窗称之为"威尼斯百叶窗"？因为它最早出现在意大利水城威尼斯。住在这里的居民，不仅要遮挡直射的阳光和运河水面的反光，而且还须遮蔽运河中来往船只的视线。因此，缝翼水平设置便成为必然的选择。

037

皮革

照片提供：株式会社KASHINA・IKUSUSHI

要点 有天然皮革与乙烯树脂皮革之分
乙烯树脂皮革品质的提高，使其应用范围不断扩大

天然皮革

使剥下后的动物皮变得柔软和结实的工序被称为"鞣制"，经过鞣制处理的动物皮叫作"鞣制皮"或简称为"皮"，可加工成各种制品。

室内设计则将其用在对耐磨性要求较高的地方，如沙发和椅子的包面等（照片1）。当然亦可用来铺桌面，因为它不仅耐磨且作为垫板可以起到对笔尖的缓冲作用。此外，有时也将其用于墙面装饰或将其作为家具门扇的饰面，但还是用在杂品类的小对象上更多些，几乎所有使用的皮革都是牛皮，并且通常要选成年牛，也有的家具要用到毛皮（照片2）。按照牛的不同生长阶段，还有胎牛皮、幼牛皮和小牛皮等。与普通牛皮相比，此类牛皮属于稀缺资源，因而价格也更高。因天然皮在极端干燥环境中容易受损伤，故日常保养便显得尤为重要。保养时应使用专门的油膏和清洁剂。

乙烯树脂皮革

天然皮革不仅价格较高，而且批量供应也很难保证品质的稳定。基于这样的考虑，近来人们开始更多地使用人造仿真皮革。尽管统称为"乙烯树脂皮革"，但实际上还有合成皮革和人造皮革之分。合成皮革是将合成树脂涂在布料上制成的；而人造皮革则是先将合成树脂浸入无纺布内，再在表面涂上一层合成树脂。涂布用的合成树脂，一般为氯乙烯（PVC）。最后，经过表面处理，可使其呈现出各种形态。乙烯树脂皮革不同于天然皮革，它既不吸水又不易脏，也不必担心发霉。早期的乙烯树脂皮革透气性差，还有点发黏的感觉。可是，随着工艺技术的提高，如今乙烯树脂皮革的手感也越来越好（照片3）。

照片1 │ 用天然皮革制成的座椅

LC2 扶手椅（由勒·柯布西耶设计）

照片2 │ 使用了毛皮的椅子

LC4 躺椅
（由勒·柯布西耶设计）

照片1、照片2提供：株式会社KASHINA·IKUSUSHI

照片3 │ 乙烯树脂皮革应用示例

真皮质感、仿小牛皮

3张照片提供：
株式会社SANGETSU

真皮质感、仿鳄鱼皮

silky lustre 丝光面

038

涂料、涂装

照片提供：Haymes Paint Artisan Collection

要点 根据施工部位和具体用途选择所需要的涂料
基底的处理关系到表面效果的好坏

涂料种类

涂装不仅可使表面美观，还能起到保护被涂物以及附加特殊功能的作用。因此，应该根据涂装的目的（用于外部等）及其与基材的适配性来选择涂料。随着各种各样的合成树脂被开发出来，涂料的种类也日益增多。

在进行涂装时，不仅是色彩，涂于何处、用途是什么、光泽如何，以及是否受到阳光直射等方面都需要综合考虑。内装墙壁，有很多都使用石膏板作为基层。石膏板与涂料的黏结性很好，适用于任何涂料。经常使用的涂料有丙烯酸树脂乳胶漆（AEP）、醋酸乙烯树脂乳胶漆（EP）和氯乙烯树脂磁漆（VE）等（表）。

在涂装木材时，应了解是否需要露出木纹。假如须露出木纹，可使用清

漆（V）、透明漆（CL）和聚氨酯透明漆（UC）之类的透明涂料，以及油墨贴面（OF）和油性着色剂（OS）等着色涂料。往往先用油墨贴面着色，再涂上一层薄薄的透明漆加以保护（OSCL）。可遮住木纹的涂料有：合成树脂调和涂料（SOP）、磁漆涂料（LE）和聚氨酯树脂磁漆涂料（UE）等。此外，还可以选择那些适合涂装金属和树脂类制品的涂料。

基层的处理是关键

涂装工序最关键的是基底处理（照片）。为防止涂层剥离或涂料渗入，要对被涂物表面进行处理，使其光滑，才能保证涂装的良好效果。金属在涂装前，要先进行除污和除油处理，再涂上一层防锈漆，并将焊接处磨平，最后涂布表面漆。

表 | 室内设计中使用的代表性涂料

被涂物、表面处理种类		名称	代号
墙面、天花板的涂装		丙烯酸树脂乳胶漆	AEP
		醋酸乙烯树脂乳胶漆	EP
		氯乙烯树脂磁漆	VE
木材涂装	露出木纹的涂装	清漆	V
		透明漆	CL
		聚氨酯透明漆	UC
		油墨贴面	OF
		油性着色剂	OS
		油性着色剂＋透明漆	OSCL
	遮住木纹的涂装	合成树脂调和涂料	SOP
		磁漆涂料	LE
		聚氨酯树脂磁漆涂料	UE

照片 | 特殊涂装的案例　最近涂料饰面也能够表现各种各样的材质，提升了其表现力

照片提供：Haymes Paint Artisan Collection

照片提供：Haymes Paint Artisan Collection

小贴士 PickUP ● 现场的各种小知识
天然涂料

通过病住宅综合征和化学物质过敏等问题，使人们对天然涂料越发重视起来。说到天然涂料，当然少不了著名的奥斯莫（osmo）、利沃斯（livos）、奥罗（auro）等德国品牌。其实，日本也很早就在使用天然涂料了，如蜜蜡、桐油、紫苏油、生漆、腰果油和柿漆等。此外，还用包着稻糠的木棉打磨家具和柱子。在欧美国家，也有使用皂液和乳漆涂装家具的，并非使用新型涂料。与普通涂料一样，选择天然涂料时也要考虑到被涂物材质、使用场所和使用目的等因素。

另外，天然涂料也存在一些值得注意的地方。天然涂料作为一种溶剂，其中同样含有较多的化学物质，在涂料干燥过程中，这些化学物质将释放到空气中去。有些涂料成分还可能引起过敏反应。因此，尽管是天然涂料，也并非是完美无缺的选择。

039

粉刷

设计及照片提供：KAZ设计事务所

 理解粉刷材料的功能
从日本传统工艺到现代风的粉刷手法都可以让表面拥有各种各样的表现

粉刷材料

土墙、砂墙、石灰墙等都是日本传统的粉刷对墙的表面处理。最近，除这些材质之外，人们还用硅藻土、贝壳粉涂料、火山灰抹灰等粉刷材料制作，任何一个都有自己独特的功效。这些材料既有调湿性能，又有优异的吸声性能。有些材料数毫米的厚度，就能使其具有良好的保温性能。而且在前述功能的基础上，还具有独特的质感和材质的魅力。

另外，最近有一种叫作树脂水泥的材料人气也很高。它具有防水性能，故而可以用于厨房的台面，其所赋予空间的氛围感与以往的厨房不同，别有一番风味。但是施工时需要具有专业知识和技术的匠人。特别是用水空间附近，这种特殊位置更需要多加小心。

将大理石等的碎石和玻璃用水泥搅拌后涂抹，待其凝固后进行打磨抛光，就是现场制作成的水磨石。混合物中不同的物质会演绎出不同的质感，但是如今会做水磨石的匠人数量已经很少了。

曾经的粉刷操作，是以竹编、绳捆等手法制作的木制基底或孔洞基层板来作为基层，最近开发了以石膏板及相关材料为基层的施工工法。粉刷的施工质量容易受基层部分的影响，特别是接缝处的处理尤为关键。

粉刷涂层表面质感需要斟酌

粉刷的涂层有一定厚度，可以用抹泥刀、锯齿灰匙、拉毛器等工具，使表面更加具有立体的质感。不仅可以用纹路装饰，还可以加入群青色、赤红色等的天然染料进行混合，也可加入菁草等作为点缀。

第4章

家具和门窗

040

起居家具

照片提供: 株式会社KASHINA·IKUSUSHI

要点 家具由样式和尺寸来决定
建议关注大型家具的搬运通道及其摆放

起居家具

家具分为起居家具和收纳家具两大类。所谓起居家具，就是指桌椅等；收纳家具，则指用板材制成的箱柜之类。对这些家具样式的选择，取决于生活方式、室内设计的氛围、家庭成员的人数，以及预算的多少等条件。

对于起居家具中具代表性的椅子、沙发（照片）和桌子来说，最应该注意的是尺寸的大小。椅子椅面的高低会直接影响到坐上去的舒适感，因此要实际坐一下试试，再确定其高度。特别是西方的商品，大多椅面都较高，坐着很不舒服。至于是否需要靠垫和扶手，则可根据个人喜好决定。其实，倒是有不少的日本人习惯盘腿坐在椅子上。

桌子的大小，要根据围坐的人数和房间的面积来决定，设定高度时要考虑到与

椅子的关系（图1）。

掌握对尺寸的感觉

关于沙发，应注意搬运通道是否顺畅。尤其是公寓，从门厅进入走廊后，往往要经过拐角，搬运十分困难。即使在房间里，沙发的体量感也大得超乎人的想象。在挑选沙发时，其宽度对应的可容纳人数这点人们都会想到，可是，靠背的高度和座面的进深也同样不可忽略。

根据床的大小，可分为单人床、加大单人床、双人床、加大双人床和特大双人床等几种（图2）。床垫分别采用加弹簧、加记忆棉聚氨酯和充水等方式制成，可根据个人对柔软程度和弹性等的不同喜好进行选择。对于床的设计来说，重点在床垫以外的部分。床头板、床侧板和床脚板是否需要装饰，以及细部该如何处理，都要根据室内设计的整体风格来确定。

照片｜沙发、椅子

马伦特沙发
照片提供：ARUHU REKUSUJAPAN

安东椅
照片提供：FURIISUJHAN SEN 日本支社

图1｜餐桌的标准尺寸

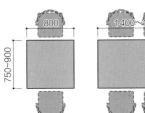
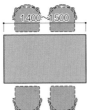
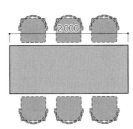
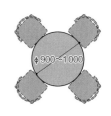

桌子的尺寸规格亦因样式、材质和桌脚位置的不同而差别甚大，但大体上可以将图中标示的尺寸作为基准，即确保每人至少有600 mm的宽度。在此基础上，左右各留下100 mm左右的空间。另外，咖啡馆则统一使用600 mm×700 mm的标准桌面

图2｜床的标准尺寸

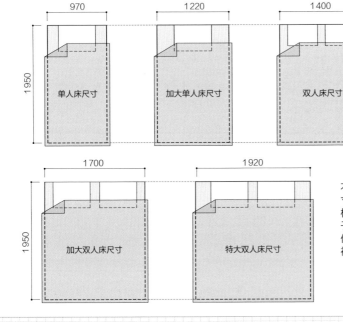

不同的床及床垫厂家，产品的尺寸规格略有差异。床的长度可能相差100 mm左右。实际上，被子都要比床大些，如考虑铺床方便，不妨让床周边的尺寸稍微宽裕一点

041

收纳家具

照片提供：KAZ设计事务所

要点 因形状和用途不同，收纳家具也多种多样
了解作为地方产业一部分的家具文化

箱柜用来装什么

箱柜即所谓的收纳家具（照片1）。最早，日本人习惯将衣物和用具之类放在带盖的箱笼里，诸如藤笼、行李箱、挑担箱等，必要时可随身带走。后来，由于人们携带的东西越来越多，加上出门也越发频繁，于是出现了用柜门、抽屉等组合起来的箱柜收纳。

这种箱柜多由木材制成，常用树种有桐、榉、水曲柳、樱、枹、杉、栗和扁柏等。因里面放的物品及其用途不同，制成的箱柜也大小不一、形状各异。例如，能在楼梯下空间作收纳用的阶梯柜（照片2），遇火灾等紧急情况避难时便于搬运的带轮的"车厨柜"，非常坚固即使遭遇海难也不会损坏的"船柜"，其他还有"水屋柜""茶道柜""药柜"和"刀柜"等。

产地特色

另外，箱柜一般带有产地特色。如外观华丽的"仙台衣柜"，用刻有龙、狮子和牡丹花等图案的金属件做装饰，并在红色木底上涂以透明漆（照片3）。

还有较仙台衣柜更为朴素的"岩谷堂衣柜"，则是日本民间工艺的代表作。此外，如所谓日本东北地区中以棱角分明著称的"松本衣柜"，以及桐木衣柜中有名的"春日部衣柜"和"加茂衣柜"。这些衣柜的表面均带有被钉子固定的金属件作为装饰。当然，也有完全不用钉子，只用榫卯组合的衣柜。早于平安时代便已存在，并在公家文化中孕育成熟的京都木匠，一向以优雅精致的细工闻名于世。与此不同的是，在江户武家和町人文化中发展起来的江户木匠，彰显出不做过多修饰、以实用为主的特点。近些年来，不再只用木材，而是开始单独或混合使用金属、树脂和玻璃等材料制作箱柜。

照片1│江户矮衣柜

深川厨柜店

照片提供：NISHIZAKI工艺株式会社

照片2│阶梯柜

照片3│仙台衣柜

照片2、照片3：仙台箪笥工艺家具榉

参考江户时代末期流行样式制作

042

定制家具

设计及照片提供：KAZ设计事务所

要点 根据具体空间情况定制家具
了解家具制作与现场木工打造在精度上的差别

选家具定制还是木工打造

前面讲到的"起居家具"和"收纳家具"均是成品类家具，只是摆放在空间内，可移动，故而被统称为"活动家具"。

与此相对的，固定在墙壁和地面上或者与建筑结合已不可移动的家具，则被称为"定制家具"（固定家具），制作这样的家具其大小尺寸和造型样式要根据所处空间位置条件来决定（图1）。

日本阪神大地震之后，有很多人被压在家具下而死亡。于是人们开始将原有的活动家具与墙壁和天花板固定在一起，并且开始使用固定家具。

定制家具可以分为家具定制和现场木工打造两种（图2）。

如果对尺寸和角度的精度要求较高，且包含使用特殊材料进行表面处理等工作内容，那么属于家具定制，其他部分均归木工打造。譬如，选用抽屉滑轨以及安装机械和卫生设备等都属于前者。一般说来，木工打造的成本是可控的。

实际效果与预算之间的平衡

顾名思义，家具定制是指在家具工厂里使用专门机械进行加工。因此，可自由选择面材与板材的结合方式，表面处理的精度也很高。为处理家具与地面、墙壁和天花板的收口部分，可使用下挡板、上面板、收边条等调整细节。

与此相对的是，木工打造是在现场一边量尺一边进行材料切割制作，细节调整较少。在有门窗的情况下，需要考虑开合轨迹尺寸。

关于涂装处理，家具制作一般在工厂内进行喷涂作业，故而表面大都平整光洁。但木工打造的涂装由漆匠在现场完成，要使处理效果达到理想的程度并不容易。在安装上也是一样，相对于木工打造从制作到安装均属于硬装施工的一部分，家具定制则要由专门人员安装，这不仅提高了成本，单独的工程监理也变成了必要的一个环节。

图1 | 箱柜的基本结构

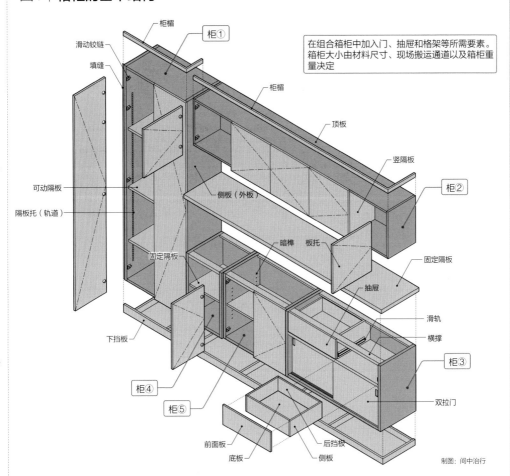

柜檐
滑动铰链
填缝
柜①
可动隔板
隔板托（轨道）
固定隔板
下挡板
柜④
柜⑤
前面板
底板
侧板
后挡板
柜檐
顶板
竖隔板
柜②
侧板（外板）
暗榫　板托
固定隔板
抽屉
滑轨
横撑
柜③
双拉门

在组合箱柜中加入门、抽屉和格架等所需要素。箱柜大小由材料尺寸、现场搬运通道以及箱柜重量决定

制图：间中治行

图2 | 家具定制和木工打造的流程

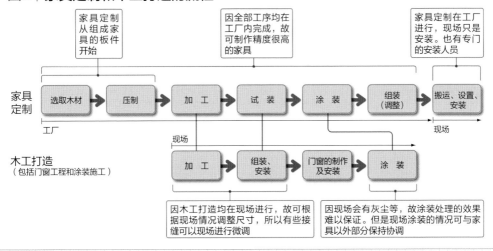

家具定制从组成家具的板件开始

因全部工序均在工厂内完成，故可制作精度很高的家具

家具定制在工厂进行，现场只是安装。也有专门的安装人员

家具定制

选取木材 → 压制 → 加工 → 试装 → 涂装 → 组装（调整） → 搬运、设置、安装

工厂　　　　　　　现场　　　　　　　　　　　　　　　　　　　　现场

木工打造
（包括门窗工程和涂装施工）

加工 → 组装、安装 → 门窗的制作及安装 → 涂装

因木工打造均在现场进行，故可根据现场情况调整尺寸，所以有些接缝可以现场进行微调

因现场会有灰尘等，故涂装处理的效果难以保证。但是现场涂装的情况可与家具以外部分保持协调

043

平开门家具
金属配件

设计：今永环境计划+KAZ设计事务所　照片提供：Nacasa & Partners

要点　了解铰链的种类和特点，因地制宜地使用滑动平开铰链

铰链的种类

家具金属配件，有的用于支撑柜门和抽屉的活动，有的则用于固定搁板，也有的是作为拉手和旋钮使用（一些为树脂制成）。在收纳家具的平开门上，要用到铰链。铰链分为"平铰链""长铰链（钢琴铰链）""P型铰链""隐藏铰链""下拉铰链（缝纫机铰链）""滑动平开铰链"和"挂轴铰链"等，可根据其不同的外观、用法、开合方式及门的大小加以选择（照片）。

平开门要经常开合，久用后偏移的可能性会更大些，因此必须能对平开门出现的偏移进行调整。很多铰链的金属件本身便具有可调整功能。

滑动平开铰链

如今，家具中使用最多的是滑动平开铰链。与回转轴固定的平铰链不同，滑动平开铰链的回转轴是边滑动边开合。因此，柜橱的内部整个被一面柜门所遮住，厨柜也成为极简设计的家具。但滑动平开铰链也存在缺点：因回转轴可滑动，故其强度要比平铰链差得多。较大的柜门固然可以使用更多的铰链，不过也有一定限度。建议将600 mm作为铰链间隔的指标。根据滑动平开铰链与柜橱之间的关系，还可分成外置柜门（全盖）、外置柜门（半盖）和内置柜门等（图）。

也有专用于玻璃门的滑动平开铰链。通常是在玻璃上钻孔用以固定铰链，但最近又出现一种通过黏结方式固定于玻璃背面的铰链。在洗漱间等狭小空间中，这种可以节省空间的柜门会很实用。不过，如果是较大的玻璃门，则须使用挂轴铰链，这种时候需要用内置柜门，厨柜框侧板沿口的设计也需要考虑。

照片 | 具代表性的平开门家具金属配件

①不锈钢制平铰链
　LSB型

②不锈钢制长铰链
　LSN-C型

③P型铰链

④多向可调整隐藏铰链
　HES3D-90型

⑤下拉铰链
　SDH-P型

⑥内藏阻尼滑动平开铰链（360°）

⑦玻璃挂轴铰链
　GS-GH5型

照片提供：SUGATUNE工业

图 | 家具平开门的安装

外置柜门（全盖）

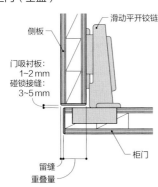

侧板
滑动平开铰链
门吸衬板：
1~2 mm
碰锁接缝：
3~5 mm
留缝
重叠量
柜门

外置柜门（半盖）

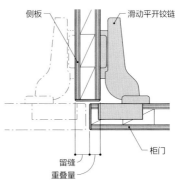

侧板
滑动平开铰链
留缝
重叠量
柜门

内置柜门

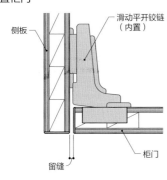

侧板
滑动平开铰链
（内置）
留缝
柜门

采用内置柜门还是外置柜门
（全盖、半盖），主要由设计
决定

044

推拉门家具
金属配件

设计及照片提供：KAZ设计事务所

要点 推拉门金属配件有下滑轨与上吊轨两种类型
顺滑的移动对于折叠门最为关键

推拉门

若平开门的开合轨迹上有异物，则无法开合，这时应选择推拉门。此外大开口的门洞也多选择推拉门。就像屏风和障子一样，推拉门也采用门扇上下在槽内滑动的传统方式。

但最近，为使门扇滑动得更加灵活，以及出于设计上的考虑，人们开始大量采用金属配件。

推拉门金属配件，分为下滑轨和上吊轨两种。

下滑轨的门扇底端嵌埋着带胶轮的金属件，门扇可沿着设在柜子上的V形轨道滑动。上部有定位器防止晃动。上吊轨是利用镶嵌在上轨道中的滑轮承受门扇的荷载，因此柜门的下面不必再设轨道，收口更加简单。至于定位装置，多半都设在门扇交错处。

选择金属配件时，必须考虑其荷载能力。换言之，在确定门扇的重量（大小和结构）时，应该考虑到金属配件是否具有相应的承载能力。

推拉门家具基本都采用内置柜门方式，但最近也出现了可外置柜门的金属配件，进一步拓展了设计的自由度。

推拉门家具的最大缺陷是门扇不在一个平面上，无法向平开门一样所有门扇在一个平面上。还有收纳空间的进深也会变小2~3扇柜门的厚度。为了解决这件事，各个厂家也开发了一些金属件。可以到展厅去实际体验一下这些金属配件的荷载能力和开启的顺滑程度（图）。

折叠门

从基本思路和收口上看，折叠门与推拉门相比，没有什么不同。但除了上吊轨、下滑轨、内置柜门与外置柜门之外，还有吊轨转轴部分是固定还是非固定的区别。

图｜推拉门和折叠门的图示和种类

平面图

①②

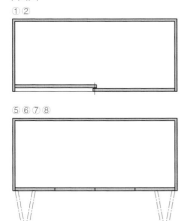

③④

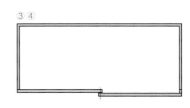

⑤⑥⑦⑧

⑨⑩⑪⑫

侧面图

①②　　　③④　　　⑨⑩⑪⑫

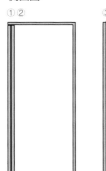 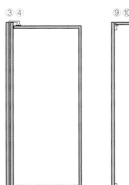 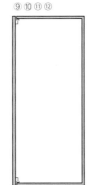

推拉式外置柜门，在箱体上下需要安装金属构件，需要注意其他部分的收口

推拉门和折叠门

推拉门	内置柜门	上悬挂式		①
		下承载式		②
	外置柜门	上悬挂式		③
		下承载式		④
折叠门	内置柜门	上悬挂式	固定式	⑤
			自由式	⑥
		下承载式	固定式	⑦
			自由式	⑧
	外置柜门	上悬挂式	固定式	⑨
			自由式	⑩
		下承载式	固定式	⑪
			自由式	⑫

归平式推拉门1

最近一些厂家推出的"平面推拉门"可供参考。但因上下金属配件占用空间较大，也存在收纳量与处理手段难以两全的问题

归平式推拉门2

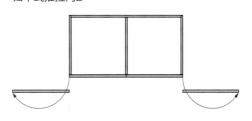

这是最近在产品样本中常见的悬臂式归平推拉门。看似方便，但箱柜内须装很大的金属件，而且尺寸变动的余地很小

045

抽屉的金属配件

设计及照片提供：KAZ设计事务所

要点 如今，抽屉式收纳已成为一种趋势
了解各种抽屉滑轨的区别

采用不同的抽屉滑轨

　　最近，收纳家具的设计多采用抽屉的形式（图）。特别是厨房，几乎都将物品放在台面下的抽屉里。

　　传统家具和低成本家具，过去往往采用边滑条的方法，现在一般都使用导轨（照片1）。抽屉导轨有多种，如"侧装滚轮型""滑道型"和"底装滚轮型"等。

　　虽然边滑条能够最大限度地保证内部空间，但是推拉不太灵活，也不能将抽屉全部拉出。侧装滚轮型导轨，则可使抽屉拉出3/4，甚至全部。从结构上看，一旦发生地震，抽屉便有可能自己滑出。最近在导轨上加装功能部件使其抗震性增强，且增加了关闭阻尼。但是有时候滚轮归位的声音会稍大。在最内侧，滑轨会向下倾斜一些，这样关闭时比较牢靠。

　　底装滚轮型导轨常用于厨房和定制家具中，它不仅滑动灵活，而且在滑动时没有声音。其中有阻尼型、按压开关型等多种形式。在打开抽屉时，看不见导轨，外表简洁，具有高级感。一般厨房中抽屉的侧板大多采用金属制的整体设计。近年来，也有在抽屉中嵌入木制餐具托盘的设计（照片2）。

隐形拉手和普通拉手

　　从使用方便着想，最好还是在抽屉上安装拉手。尤其是采用底装滚轮型导轨的抽屉，拉动的瞬间会让人感到吃力，有拉手较好。但如果想要简洁风的设计，将抽屉设计成隐形拉手，或者采用按压式开启方式会比较合适。

图 | 抽屉各部分名称

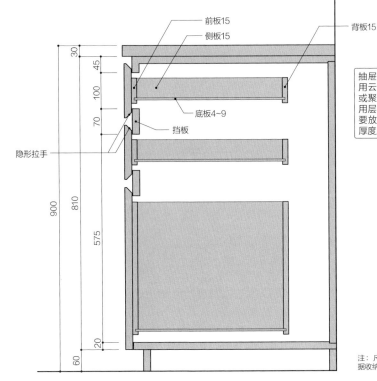

前板15

侧板15

背板15

30
45
100
70
900
810
575
20
60

底板4~9

挡板

隐形拉手

抽屉侧板的材料，可使用云杉和桐之类的实木或聚酯层合板。底板则用层合板、聚酯板等，如要放入较重的物体，其厚度应在9 mm左右

注：尺寸标准。实际尺寸可根据收纳物大小确定。

照片1 | 抽屉的滑轨

抽屉滑轨与侧板为套装的抽屉系统。可以选择阻尼缓冲关闭、按压开关等功能

照片提供：Hafele Japan

照片2 | 餐具托盘抽屉

在抽屉中嵌入木制餐具托盘可以体现质感与高级感。尺寸与搁板的位置等精度都可以 1 mm 为单位进行定制

设计及照片提供：KAZ设计事务所

046

家具涂装1
木质家具的涂装

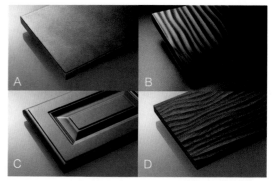

照片提供：福山厨房装饰株式会社
A: 098 金属抛光 MA　B: 095 风纹 MA　C: 055 框 MA　D: 064 风纹 MA

要点 知道家具为何涂装，记住光泽的标识方法

家具涂装如同人的化妆

家具涂装的目的在于保护基底，以及使家具的表面更加美观。可以说家具的涂装与女性的化妆相似。

木制家具的涂装（照片），分为清漆处理和满披涂料处理两种（图）。

清漆处理是一种可充分展现木纹美感的涂装，木纹的好坏一览无余。有鉴于此，在基底处理和着色工序上，应对有缺陷的地方进行修补，以提高涂装处理的最终效果。

满披涂料处理，亦称"磁漆涂装"，是一种不露出木纹的涂装方式，亦可采用金属喷涂和珍珠喷涂等特殊的涂装方法。类似此种涂装的基底木材，应该选用像椴木合板这种木材导管凹凸较少的树种。最近很多人以使用中密度纤维板（MDF）作为基底材料，基底调整较为简单，边缘的倒角可以稍微大一些，从而可减少涂层的剥落现象。

采用不同的光泽

无论是满披涂料处理，还是清漆处理，最近都以使用水性聚氨酯树脂涂料为主。不过，如果是实木家具，并要突出其木纹基底特点时，有时也仅仅做打油处理。

关于家具表面的光泽，最好做出明确的指定。建筑物的涂装一般会用"有光泽"表示，而家具的涂装一般被表示为"消去光泽（亚光）"。

在建筑中"3分光泽"指的是表面增加3分光泽，而家具行业中则为"消去3分光泽"，很容易出错，所以在标示时决不可省略"增"字或"消"字。

光泽的指定，按照由低到高的顺序，分别称为毫无光泽、全亚光、七分亚光、半亚光、三分亚光、有光泽、全光面或抛光处理。光泽也是设计要素的一部分。不同的设计能展现出完全不同的表面效果。

照片 | 家具的涂装

右图为工厂里进行家具涂装的情形。为了不落灰尘杂物，能将基底处理平整，必须经常清扫室内，并做好机械设备的日常维护

协助：NISHIZAKI工艺
照片提供：KAZ设计事务所

图 | 涂装工序

①清漆处理的工序

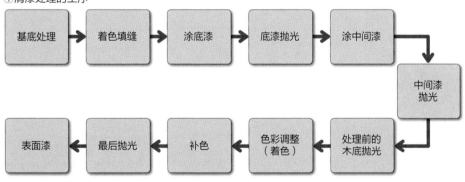

基底处理 → 着色填缝 → 涂底漆 → 底漆抛光 → 涂中间漆 → 中间漆抛光 → 处理前的木底抛光 → 色彩调整（着色）→ 补色 → 最后抛光 → 表面漆

②满披涂料处理的工序

木底涂底漆 → 刮腻子 → 打磨腻子 → 涂面漆 → 面漆抛光 → 着色涂磁漆 → 磁漆抛光 → 涂透明漆

此为工厂涂装工序(与UV涂装工序不同)。金属喷涂和珍珠喷涂等特殊涂装处理须另加工序

协助：NISIHIZAKI工艺

047

家具涂装2
涂装种类与维护

照片提供：KAZ设计事务所

要点 准确了解涂装的种类
只有经常维护才能延长家具的使用寿命

容易搞混的涂装

耳熟能详的"钢琴漆"，严格说其表面涂的并不是聚氨酯树脂，而是厚厚的一层聚酯树脂膜，在经过抛光处理后，就像镜面一样光亮。尽管其处理方式也是将表面打磨得很平滑，并且带有光泽，但它与最近出现的所谓镜面处理有所区别。还有"UV涂装"，也是一种易搞混的涂装方式。人们常常认为，这种涂装可隔离紫外线，能防止家具因日晒而褪色。其实不然，之所以采用UV照射的方式，是因为它可使涂料在短时间内干燥固化，可以提高工作效率，适合批量生产。

此外，还有传统的打油、皂液浸、油漆涂装，以及古典风格的复古涂装（古董风涂装）等手法。要准确掌握这些涂装知识，并根据家具的不同种类和用途，分别选用之。

家具的维护

要延长家具的使用寿命，平日的维护很重要。一般来说，家具应注意以下几点：防止阳光直射和制冷供暖排风的直吹，避免其受到水分及潮气的影响，经常除去表面灰尘等。被涂装的木质部分，应使用软布擦拭。如有明显的污渍，可用布先蘸上被稀释的中性洗涤剂将其擦净，然后再用水清洗，最后擦干。但要注意的是，如是亚光涂装，过于用力地擦拭可能会使表面磨损出现亮面。假如涂膜表面出现划痕，并且深抵木质部分，则须采用再涂装的方法（照片）。涂层一旦出现剥落，在破损处被修补之后，所做的再涂装要与原来色彩一致。密胺饰面板及聚酯层合板表面的污渍，可先用布蘸中性洗涤剂擦净，再蘸水揩拭，最后擦干。混入了研磨粉的洗涤剂会擦伤家具表面，并在擦痕处现出黑斑。因此，这样的洗涤剂不可使用。

照片 | 维修家具的情形

给家具再涂装的情形。要小心翼翼地去掉旧的漆膜，切不可伤及木质基底部分

协助：NISHIZAKI工艺　照片提供：KAZ设计事务所

048

家具的收口

设计及照片提供：KAZ设计事务所

要点 与其多留出收口余量，不如在设计手法上进行探究
设置底挡板不仅为了美观，也考虑到使用上的方便

调整精度差

相对于工厂生产，现场制作的家具精度没有那么高。为了消除这种误差，在墙面与家具之间要塞入垫片之类的调整件（图）。在家具与天花板或地面之间，分别使用上挡板和幕板以及挡板和踢脚线进行调整。

除了精度差之外，现场制作的家具还有需要注意的地方。如果上挡板过小，柜门过于贴近天花板，打开门时就会碰到天花板上的照明灯具或烟感报警器等装置。还有可能因碰到门框和插座而导致家具的损坏。尤其要注意靠墙的抽屉。虽然插座的厚度并不大，但设计时不要将其安装在可能被打开的门扇和抽屉碰到的位置。

家具最好留出20 mm左右的余量尺寸，但是如果想做极简风，那么就要缩小余量。假如要突出厚重感和装饰性，可以

选择更宽的垫片。通常，垫片都位于缝的位置，在增加垫片宽度的时候，可使垫片与柜门在同一个面上，并且将垫片表面处理成与柜门同样质感的。"收口余量"一词有些负面意义，但积极地利用设计手法，同样可以让收口更加美观。

设置漂亮的下挡板

下挡板的大小也是影响设计效果的重要因素之一。与踢脚线保持同等高度会很美观，但是最近的住宅都采用矮踢脚线的设计。如果以20 mm左右的高度来做，那么厨房和卫生间这种狭窄的地方，开门时柜门会撞到脚面。考虑到使用上的舒适性，厨房和卫生间家具的下挡板高度应保证在80 mm以上。脚尖可以探入的尺度为，从柜门开始退入50 mm以上。

图｜家具与建筑物的关系处理

墙壁与家具①

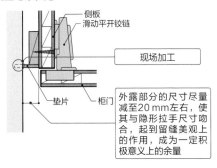

侧板
滑动平开铰链
现场加工
垫片
柜门

外露部分的尺寸尽量减至20 mm左右，使其与隐形拉手尺寸吻合，起到留缝美观上的作用，成为一定积极意义上的余量

墙壁与家具②

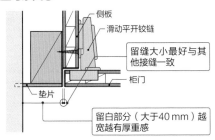

侧板
滑动平开铰链
留缝大小最好与其他接缝一致
柜门
垫片
留白部分（大于40 mm）越宽越有厚重感

墙壁与家具③

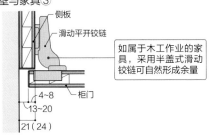

侧板
滑动平开铰链
如属于木工作业的家具，采用半盖式滑动铰链可自然形成余量
柜门
4~8
13~20
21（24）

踢脚线与家具

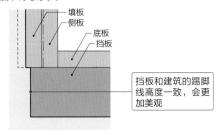

填板
侧板
底板
挡板

挡板和建筑的踢脚线高度一致，会更加美观

天花板与家具①

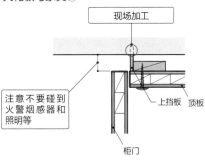

现场加工
上挡板 顶板
柜门

注意不要碰到火警烟感器和照明等

天花板与家具②

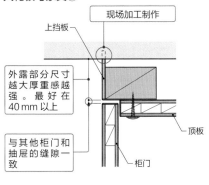

现场加工制作
上挡板
外露部分尺寸越大厚重感越强。最好在40 mm以上
与其他柜门和抽屉的缝隙一致
顶板
柜门

地面与家具

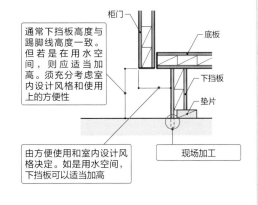

柜门
底板
下挡板
垫片

通常下挡板高度与踢脚线高度一致。但若是用水空间，则应适当加高。须充分考虑室内设计风格和使用上的方便性

由方便使用和室内设计风格决定。如是用水空间，下挡板可以适当加高

现场加工

049

根据不同材料分类的门窗

设计：KAZ设计事务所　照片提供：山本MARIKO

要点 室内以木制门为主
了解不同结构在设计上的可能性

门的整体搭配

最近的施工企业多采用成品门窗。门窗是室内设计中最具有表现力的部分之一，同时也会给人留下深刻的印象。而且门也会因房间大小和功能不同而有些区别。设计的时候需要整体进行协调和把控（图）。

按材料分类

室内门窗使用最多的材料是木材。木门可分为板式门、芯板门等，其中以板式门最为常见，它是一种在框状芯材两面贴上饰面板制成的轻量化的门，可以防止变形。其特点是，外观的装饰风格可以自由选择。市场上出售的板式门，其饰面材料多为用氯乙烯和烯烃制成的贴膜。

为了增加强度，也有在芯材之间放入纸质或铝制的蜂窝状夹层。芯板门为四周以边框环绕（有时加设横撑），在边框内侧镶嵌木制芯板、玻璃、镜子、有机玻璃等。芯板上面有一部分可以用来做百叶等来促进换气。通过采用不同的外框尺寸及样式、芯板形状和玻璃种类等，最后实现到多种多样的设计效果。譬如，越是粗壮的外框，从装饰性角度看，所营造的氛围也越发庄重；而截面单薄的外框，则用于简约的设计。

店铺多采用玻璃门。最近，普通住宅的浴室里面也常用玻璃门，一种是采用8～10 mm厚的钢化玻璃，四周不加边框，还有一种是采用4～6 mm厚的普通玻璃，四周被铝或不锈钢制的边框环绕（照片）。

图｜门窗材料

| 板式门 | 边框 + 芯板 | 边框 + 玻璃 | 玻璃门（无框） | 玻璃门（铝制边框） |

 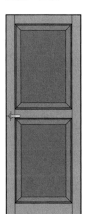 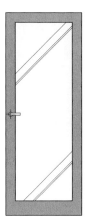  

板式门

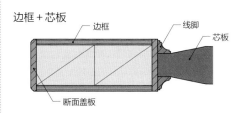

芯材　面材　蜂窝状夹层

断面盖板

边框 + 芯板

边框　　　　　　线脚

芯板

断面盖板

边框 + 玻璃

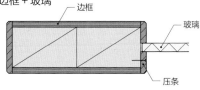

边框

玻璃

压条

玻璃门（无框）

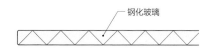

钢化玻璃

玻璃门（铝制边框）

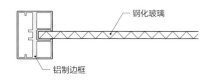

钢化玻璃

铝制边框

照片｜玻璃门应用案例

具有阻尼缓冲功能的平开门

注：玻璃门无论有无外框，都建议粘贴防碎裂飞溅贴膜。

照片提供：SUGATUNE工业

050

根据不同开合方式
分类的门窗

设计：MAZ设计事务所　照片提供：山本MARIKO

要点 熟知各种开合方式及其特点
在决定采用某种开合方式之前，要先考虑到建筑物条件、动线走向和人的行为

四种开合方式

门窗的开合方式分为平开、推拉、折叠和三七折叠，可根据使用上的便利性和室内设计的风格进行选择（图）。

平开式是以铰链为轴，门扇回转开合。平开门又分为一扇的单扇门、两扇同样大小的门扇构成的双扇门（对开）和大小不同两个门扇的子母门等。

双开门和子母门，并非两扇都经常开合，而是用地锁将其中一扇（子母门则为子扇）固定。设计时必须考虑门扇开合的轨迹，并且还要注意开启的方向。

推拉式的门扇因沿着滑轨水平移动，故在开合空间上很少遇到难题。推拉式门窗又被分成一扇滑动的单扇推拉门（窗）、两扇沿外侧轨道滑动的外展式双推拉门（窗）、两扇错开滑动的双轨双扇推拉门（窗），以及滑入墙内的隐藏式推拉门

（窗）等。轨道的固定，分为上吊轨和下滑轨两种方式。最近采用较多的是上吊轨方式，这是因为轨道设在上面更便于清扫的缘故。推拉门长时间开放不会影响周边的环境和观感，所以常被用于大空间内部的隔断。

折叠门是否方便

折叠门多用于储物间等。其特点是，因为两扇比平开门更窄的门折叠开合，故门扇本身不会成为空间的阻碍，还可获得更大的开口尺寸。折叠门可分为固定轴型和非固定轴型，以及上吊轨型和下滑轨型。虽然方便，但门扇的尺寸较窄，对设计会有影响。"三七折叠门"类似平开门和折叠门的中间产品，由一扇1∶2的门折叠后打开。开关的空间很小，不会对过道的通行产生影响，常被用于卫生间等位置。

图 | 开合方式示意图

① 平开门

单开　普通处理方式

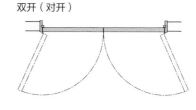

双开（对开）

子母门　子门通常通过地锁等方法固定

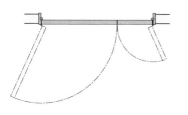

滑动回转门　需要特殊的金属件，常用于卫生间等无法确保开合空间的场合

② 推拉式

单扇推拉　普通处理方式

外挂式推拉门　需要考虑如何上锁，内外的收口都可以做到简洁处理

双轨双扇推拉　普通处理方式

隐藏推拉门　打开时虽然美观，但是收口和吊装方式很考究

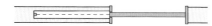

③ 折叠式

固定轴类型　普通处理方式

非固定轴类型　普通处理方式

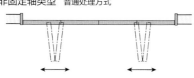

④ 三七折叠门　需要特殊的金属件，常用于卫生间等无法确保开合空间的场合

051

日式门窗

照片提供：KAZ设计事务所

要点 了解日本传统门窗的样式，用新的格子设计突出个性

日式门窗的历史也很悠久，其中有障子、拉门和木条板门等沿用至今。

障子和拉门

"障子"由单面糊和纸的细格框架构成（图1），因具有采光的功能，所以自古被称为"明障子"。日本人很喜欢那种透过和纸的柔和光线，随着和纸的普及，障子也被普通家庭所采用。制作格子的材料，普通空间多用杉木，规格高一些的空间则采用桧木。最近，也开始使用价格更低廉一些的北美雪松和云杉等进口木材。障子给人的印象，取决于其条材的组合形态。除传统组合方式之外，用条材进行图案构图也会增加设计感。而且，既有全部糊纸的，也有加装腰板的，因形态和功能的不同而衍化出多种类型。格子的组合没有固定的模式，可以通过新的组合使其个性色彩更加突出（图2）。

拉门被用于日式房间隔断和壁橱等位置（图3），由内部的条材和两面的多层和纸裱糊而成。设计师可以根据需要选择不同种类的拉门，利用其花色和图案为空间增添一些装饰性元素；也可以因使用方法的不同，营造出现代派的空间风格；还可以通过对边框进行适当处理，演变出不同的传统风格。

木条板门

木条板门是为了减轻门板的重量，使用比障子更细的木条做框架，内侧设多条横撑起到补强作用，其可分为"舞良门""格子门""雨户""中隔玻璃门""竹帘门"等多种。舞良门（图4）和格子门的横撑排列方式、条材的组合方式各有不同，种类繁多。与障子一样，木条板门可以通过条材组合方式的变化，制成富有个性色彩的新式木条板门。

图1 | 裱糊障子结构

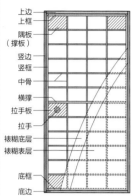

上边
上框
隅板
（撑板）
竖边
竖框
中骨
横撑
拉手板
拉手
裱糊底层
裱糊表层
底框
底边

图2 | 按条材的组合形态划分的障子类型

大格障子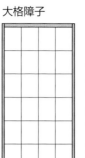

横条障子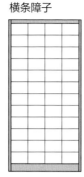

竖条障子

密横条障子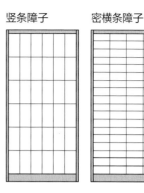

密竖条障子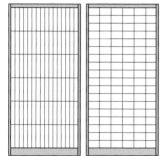

密格障子

井字格障子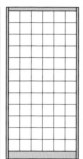

成组疏置障子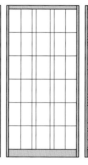

变格障子1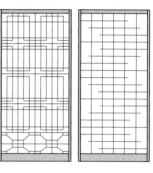

变格障子2

图3 | 拉门结构

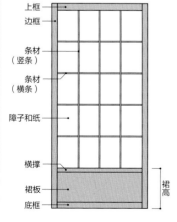

上框
边框
条材
（竖条）
条材
（横条）
障子和纸
横撑
裙板
底框
裙高

图4 | 木条板门结构

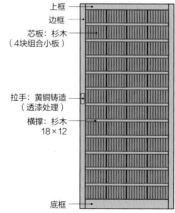

上框
边框
芯板：杉木
（4块组合小板）
拉手：黄铜铸造
（透漆处理）
横撑：杉木
18×12
底框

052

平开门金属配件

设计：KAZ设计事务所　照片提供：山本MARIKO

要点 无论铰链有多少种类和形状，都要按需使用
要根据用途和安装条件选择金属配件

铰链的种类

对于平开门来说，最重要的金属配件就是铰链。也称"合页"。铰链有多种，如平铰链、枢轴铰链、内嵌铰链、齿轮铰链等。其中，以平铰链和枢轴铰链使用较多。

平铰链上下各安装一个，但如果门扇较高，那么中间还要再加上一个。这是由于较高的门扇本身存在翘曲的可能性，多装一个铰链，会防止这种现象的发生。枢轴铰链基本只安装在门扇上下位置，有时也会加一些吊装构件进行辅助。内嵌铰链在闭合状态下完全看不见，更加美观。齿轮铰链用齿状铝型材制成，转动十分灵活。因齿轮铰链可以承载整扇门的荷载，同时耐扭曲及反翘，故使其成为宽幅门扇的首选。不过，因其开合轨迹特殊，设计时对门扇与门套部分的设计要仔细斟酌。

辅助开合的金属配件

开门时手接触的部分，安装着旋转把手、球形门把手、按压式门把手、插销式门把手等种类的开门用具，还可另外加锁。锁则分为单栓锁、弹簧锁、对字锁、指旋锁等，可根据不同场所选择。最近，安全防范方面出现的问题，也使锁的种类多了起来。弹簧锁的种类有所增加，而且还出现了电子锁和卡片钥匙等。作为控制门开合大小的金属配件，有开门限位杆、闭门器、地插销（搬动式）、门吸等。此外，例如门镜、门链、门环、自动密闭装置等具有各种功能的金属配件，以及门钉和铰链罩之类种种装饰性金属件，在室内设计中均可选用（图）。

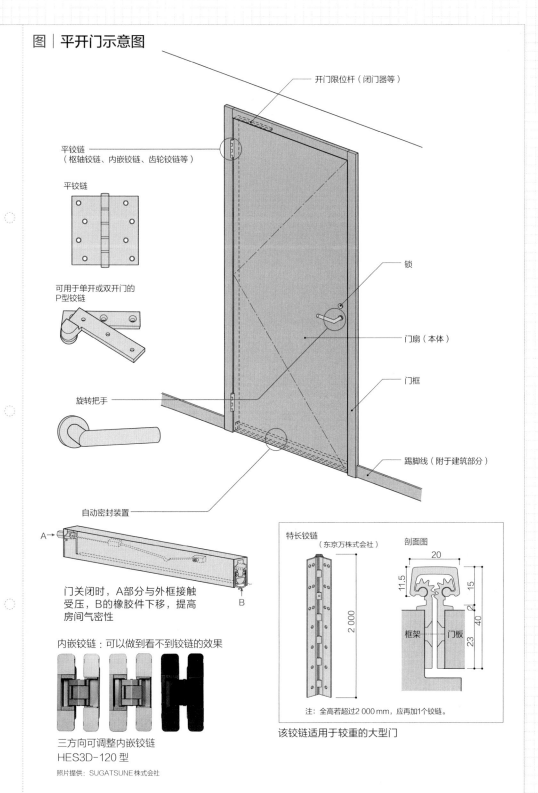

图 | 平开门示意图

开门限位杆（闭门器等）

平铰链
（枢轴铰链、内嵌铰链、齿轮铰链等）

平铰链

可用于单开或双开门的
P型铰链

旋转把手

自动密封装置

锁

门扇（本体）

门框

踢脚线（附于建筑部分）

门关闭时，A部分与外框接触
受压，B的橡胶件下移，提高
房间气密性

内嵌铰链：可以做到看不到铰链的效果

三方向可调整内嵌铰链
HES3D-120 型

照片提供：SUGATSUNE 株式会社

特长铰链
（东京万株式会社）

剖面图

2 000

框架   门板

注：全高若超过2 000 mm，应再加1个铰链。

该铰链适用于较重的大型门

053

推拉门金属配件

设计：KAZ设计事务所　照片提供：山本MARIKO

要点　先要决定，用上吊轨还是下滑轨方式
折叠门和推拉门都需要选择能承受较大荷载的金属件

上吊轨或下滑轨

　　推拉门原本不用金属配件，仅沿和室中的上下门框上的轨道滑动即可。但为了对应各种各样的收口，并且让开关更加顺滑，便开始使用金属件（照片）。

　　设计时不要选错推拉门的滑轨，对荷载重量、尺寸、外挂还是内置安装、用于隔断还是收纳、上吊轨还是下滑轨等进行综合判断之后再进行选择。下滑轨式的推拉门是由滑轮和V形轨道来限制摇摆的（图1）。

　　滑轮是嵌装在门扇底部的轮子，用以支承整个门扇的荷载。V形轨道分为地面固定型和地面嵌埋型两种，门扇的滑轮可沿轨道的V形沟槽移动。上吊轨式推拉门是由上面的吊轨、吊轮（滑轮）、定位器构成（图2）。由于其不必设下轨道，而

且调整门扇更加方便，因此近来采用上吊轨的推拉门也越来越多。此外，还有拉手和旋转吊钩等。

　　推拉门锁与平开门不同，大多使用一种被称为"镰勾锁"的专用锁。另外，推拉门要比平开门的缝隙大，气密性也很难保证。为此，往往要在闭合处贴聚酯密封条。

折叠门金属配件

　　折叠门也是由上导轨、吊轮（滑轮）、中间折叠门铰链和定位器构成（图3）。定位器一般设置在下滑轨上。如果没有下滑轨，会将靠门框的转轴固定。折叠门中间的折叠部分很容易夹手，因此在设计时需要使用防夹手的安全铰链。

图1 | 下滑轨推拉门示意图

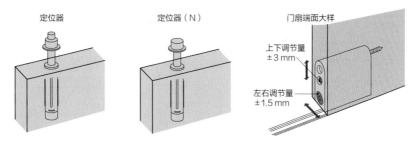

定位器　　　　　定位器（N）　　　　门扇端面大样

上下调节量
±3 mm

左右调节量
±1.5 mm

图2 | 上吊轨推拉门示意图

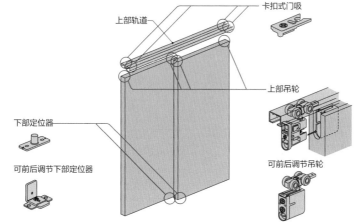

卡扣式门吸

上部轨道

上部吊轮

下部定位器

可前后调节下部定位器

可前后调节吊轮

图3 | 折叠门示意图

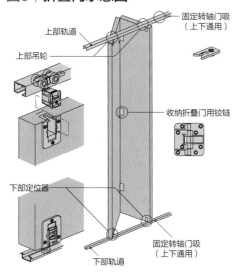

上部轨道

上部吊轮

固定转轴门吸
（上下通用）

收纳折叠门用铰链

下部定位器

固定转轴门吸
（上下通用）

下部轨道

照片 | 特殊推拉门的案例

外挂推拉门金属
件（木制、玻璃
推拉门用）：
Magic2

推拉门用金属件（木制推拉门用）：Design100-S

2张照片提供：Hafele Japan

054

门窗的收口

设计：KAZ设计事务所　照片提供：垂见孔士

要点 通过考虑空间的整体形象，决定门窗的收口和开合方向
门窗外框的形状和大小是影响室内设计效果的重要因素

收口、接缝的设计

门窗的基本构成为：扇、框、金属配件。硬装施工部分以及门窗与建筑的结合都需要通过精心设计金属构件等的收口来实现。基本的施工方法，都是按照制造商提供的"标准安装方式图"进行设计，但不是所有的现场都一样，必须随时随地进行调整（图1）。

外框的形状，对设计效果的影响很大。常见的做法是外露尺寸设定为25 mm。如果铰链与闭门器的尺寸较大也可适当调整。突出表现厚重感的室内设计，则可以将门框外露尺寸增大。门框一般高出墙壁表面10 mm左右。现在人们多使用明踢脚线，于门框处做对接收口会更加简洁方便。

还有一种不设外框的做法，即让外框与墙壁在同一平面上，再用抹灰进行统一外表面处理。不过，这样的处理方式接缝处容易产生裂纹。

内框部分的设计

在外框内侧安装内框，其宽度多为15 mm左右。若想使设计更加简洁，门框部分就需要进行错位设计，并不适用于所有的洞口，所以在设计的时候需要格外留意（图2）。在门扇不是很高的情况下，可能会看到开门限位杆的凹槽。此时，可将上部的内框的尺寸放大。为提高房间的气密性和隔声性能，可安装密封条。

最近比较流行的是不安装下门框，地面材料通铺。但如此一来，门扇下部的气密性和隔声性便成了问题，解决这一问题的最佳手段就是用自动气密装置。在门扇下部嵌埋活动式密封条，关门后一碰到铰链部分的按钮，密封条便会向下探出（图3）。如果是推拉门的情况，则将门框上的沟槽设计为略宽于门扇，门扇嵌入沟槽后，缝隙的问题也就迎刃而解（图4）。

图1 | 平开门（标准收口形式）

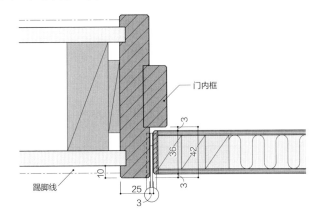

门内框

踢脚线

3

36

42

3

10

25

3

图2 | 平开门（简约的外框设计）

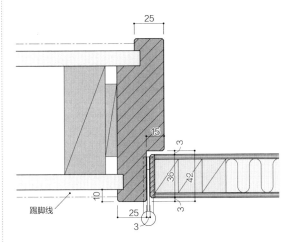

25

踢脚线

15

3

36

42

3

10

25

3

图3 | 平开门（自动密封型）

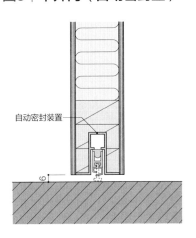

自动密封装置

6

图4 | 推拉门外框收口

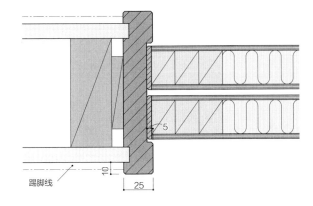

踢脚线

5

10

25

与厨房台面相配的高脚椅

剖面图

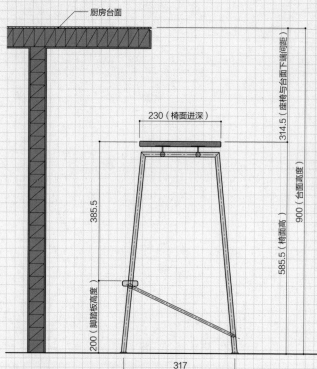

mrs.martini 高脚椅
设计及照片提供：KAZ设计事务所

一直以来，大多数厨房几乎清一色都在水槽前竖起一道高200～300 mm的墙壁进行遮挡，让人看不到操作的情形。大约自2000年开始，开放式厨房的形态发生了变化。不仅不再进行遮掩，而且还使操作台面延伸，后来逐渐演变成可相对而坐的对面形式，类似于吧台的形式。

最初，这样的形式无法与厂家的标准整体厨房规格对应，只能专门定制或从标准规格的订单中挑选近似的产品。如今，几乎所有厂家都在自己的标准规格中列入了规格齐全的此类产品。尽管如此，与厨房台面高度对应的高脚椅的种类却很少，甚至根本找不到适配的高脚椅。即使找到这种少见的对应产品，虽然稳定性很好，却大多显得十分笨重。

为此，笔者特意设计了一种高脚椅（照片），它不仅很轻，便于搬运，而且可以作为厨房中的梯凳（用于踩着拿高处物品）。我给这种高脚椅取名叫"Mrs. martini"。它由不锈钢的椅腿、木质座面和脚踏板构成，木质部分与厨房的面材采用相同的树种木材，色调也很相近。在零售店的定制设计中，也有用皮革制成椅面的设计。

第5章

设备

055

采光

设计：MAZ设计事务所　照片提供：山本MARIKO

 人类的一切活动都与阳光息息相关
通过调节射入室内的阳光可以打造舒适的环境

来自太阳的恩惠

如果没有阳光，那么很多动植物将无法正常生长。在日本《建筑基本法》中规定："房间的有效采光面积（开窗面积）必须保证在房间套内面积的1/7以上。"

对于我们人类来说，太阳光是不可或缺的。在以前的采石场、矿场中，即使劳动环境非常严酷，也要保证工人每天可以晒到数小时的太阳。

生物钟又被叫作"昼夜节律"或"生理节奏"，其一天的时间约为25小时。但我们在以24小时为周期的环境下生活，这就需要在某一个时间点进行重置。而在诸多调节因子中，发挥最大作用的就是"光"（图1）。

如何调节室内的自然光

在日本住宅设计中，阳光在各个季节的不同投射角度都要经过仔细地计算。夏季，利用挑檐对太阳光进行遮挡，使其投射到地面后反射入房间，透过障子上的和纸射入房间的阳光更加柔和。冬季阳光的入射角度大，阳光不被挑檐和屋顶遮挡，作为直射光直抵房间深处，能够提升房间内部的温度。现在大部分窗户都通过玻璃与外界隔离，阳光可以直接照射进来，再用窗帘、百叶窗等或护窗进行控制（照片）。近年也出现了一些高科技玻璃，可以直接控制对阳光的阻隔率。

阳光照射不到的地下室或相邻建筑过于紧密的情况下，可采用光导材料装置，将自然光导入房间（图2）。

图1 | 阳光与生物钟的直接关系

生物钟是生物体内的一种无形的"时钟"，实际上是生物体生命活动的内在节律。其设定是以1天（约25小时）为周期的昼夜节律（生理节奏），通过每天早晨沐浴朝阳（强光），重置其与地球24小时节律的偏移。可见，阳光与生物钟有着密切的关系

在朝阳下重置，以便于与地球时间保持一致

中午，受阳光照射而分泌的神经传输物质和5-羟色胺能促进使人在夜里入睡的激素和褪黑素的生成。从安眠的角度来讲，白天增加5-羟色胺的分泌是很重要的

随着5-羟色胺的增加，可帮助入睡的激素和褪黑素也随之增加

12

6 生物钟 18

0

照片 | 利用木制百叶窗对采光进行控制

木制百叶窗可以让空间保持木色给人的温暖感和坚实的氛围，与日式空间的氛围也很契合

策划：KAZ设计事务所
设计施工：ambiance
照片提供：山口真一

图2 | 利用光导材料向室内输送阳光

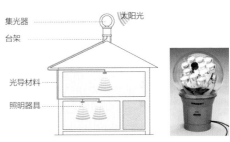

太阳光
集光器
台架
光导材料
照明器具

在屋外安置用于收集太阳光的集光器，再由光导材料实现传送，最后通过专用的照明器具实现太阳光照明。其色彩自然，是人工照明无法再现的高品质光线。这种设备通常在无阳光照射的室内使用

产品名：向日葵太阳光采光系统
资料提供者：Laforet Engineering 株式会社

小贴士！ 现场的各种小知识

Pick UP ● "生态"应该得到重视

听到"生态"一词，你会想起什么呢？或许是节省能源、节约资源和循环再利用之类与经济有关的概念。只要采光好，便无需昼间照明，从而节省电费、减少二氧化碳的排放，自然也有利于保护环境。其实，更重要的意义体现在生态学方面。射入室内的阳光能促进人体对5-羟色胺的分泌，进而促进合成褪黑素，可帮助人们入睡，使生物钟走得更准确，人的精神和肉体也更健康。既有利于人类生活和地球环境，也有利于财富的积累，这才是我们所要构建的"生态"！

117

056

照明的基础知识

要点　人造光源是太阳（自然光）的代用品
由于发光二极管（LED）灯的登场，照明发生了天翻地覆的变化

了解照明的历史

自古以来，人类过着日出而作、日落而息的生活。偶然间，人类学会了用火，火不仅可以用来烹饪，还可以用来驱赶野兽。人们学会了用火，并且定义了可以照亮黑暗的"照明"。直到19世纪末期电的普及之前，人们生活中的照明还都使用明火。最开始使用煤油灯，后来用和纸制作灯罩使光线扩散，室内设计也被其"点亮"。

1879年，爱迪生发明了碳化棉丝电灯，日本在1884年开始使用电灯，并在之后逐渐普及。

荧光灯在1938年被发明，在二战后日本经济高速增长时期得到普及，日本的夜景也愈发明亮。

1993年日本人发明了发蓝色光的电子二极管，至此三原色光集齐，这加速了

LED照明的应用。具有省电、耐用、高照度、低温等环保要素的LED灯，通过进一步的研发和改良，实用性大大增强（图1、图2）。从2010年开始，基本替代了所有其他的光源产品。

重视照明的作用

照明经历了火、白炽灯、荧光灯、LED、有机发光二极管（OLED）的不断变化。而在温室效应加剧，自然灾害频发的今天，曾经广泛使用的白炽灯和荧光灯已逐步退出了历史舞台。白炽灯、荧光灯、LED灯的光感完全不同，所以在替换照明器具时，有必要重新构筑空间的照明结构（照片）。可以说，在爱迪生发明碳化棉丝白炽灯之后的140多年里，照明的文化发生了天翻地覆的变化。

图1 | 天空和灯光的色温

（参照小泉照明产品样册）

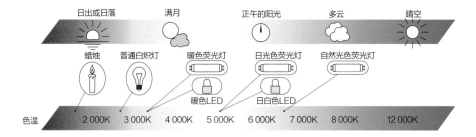

图2 | 照明术语

光通量（lm）	自光源(灯)发出的光量
发光强度（cd）	光的强度
光照度（lx）	受光面单位面积所接受的光量
光亮度（cd/m²）	表面投影面积上的发光强度
色温（K）	表示光色温的单位。越红数值越低，越蓝数值越高
显色指数（R_a）	表示光源对物体显色能力的指数。R_a100表示色彩再现性最高
眩光	亮度过高导致人无法直视，让人感到不适
反射率	因内装材料的材质和颜色而改变，用于计算照度

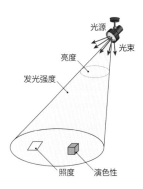

照片 | 色温和内装的关联

住宅室内色温2 700K（白天）
设计：KAZ设计事务所　照片提供：山本MARIKO

住宅室内色温2 700K（晚上）
设计：KAZ设计事务所　照片提供：山本MARIKO

办公室室内色温2 700K
设计：KAZ设计事务所　照片提供：山本MARIKO

办公室室内色温6 000K
设计：KAZ设计事务所　照片提供：垂见孔士

119

057

照明设计

设计: KAZ设计事务所
策划: ARISUTO咨询公司
照片提供: 山本MARIKO

 房间的氛围受照明设计影响很大
需要注意亮度的层次

按需照明

以往的住宅照明，都是采用在天花板上安装一盏照明灯具的方式。随着时代的发展，照明器具从最初的裸灯泡发展到伞状的白炽灯、荧光灯，从吊灯（指普通下垂的灯）发展为吸顶灯。无论哪种形式的照明，都力求实现室内照明的均等。近几十年来，筒灯被广泛应用在照明设计当中，大多都是等距排列的方式，用以提高室内亮度。

在欧洲，照明设计整体来说更偏向于暗调，即标题所述的"按需照明"，实际上暗调并不代表不方便。在此基础上所呈现的照明效果更加分明，更能让人感觉到空间的进深，增加了空间的层次感（表）。

定点照明和环境营造

一般来说，销售肉类的店面照明灯光偏红，销售海鲜的店面照明灯光偏蓝，这是为了让所卖的食材看上去更加新鲜诱人，照明灯光是经过计算后设定的。店面的照度（环境）是根据实际灯光作用在商品上的照度（任务）而确定的。西餐厅的灯光设计不仅要营造氛围，营造出空间的高级感，还要让餐桌上的菜肴看上去更诱人。

同样，在住宅照明设计中，应该尽可能地考虑客厅、餐厅、厨房、卧室、盥洗室等区域的"任务照明"和"环境照明"之间的关系（照片）。

表 | 家用照明的照度一览表

照度(lx)	客厅	书房、儿童房	日式房间、座席	餐厅、厨房	卧室	浴室、更衣室	卫生间	走廊、楼梯	壁橱、储藏室	玄关
3 000										
2 000	手工缝纫									
1 500										
1 000		学习、看书								
750	看书、化妆、打电话			餐桌、烹饪台、水槽	看书、化妆	剃须、化妆、洗漱				
500										门锁
300						洗衣				
200	聚会、娱乐	游戏	壁龛							脱鞋处置物架
150		整体		整体		整体				整体
100	整体						整体			
75		整体	整体		整体			整体	整体	
50										
30				整体						
20							深夜			
10										
5										
2										
1				深夜		深夜	深夜	深夜		

☐ 普通房间　■ 老年人房间

照片 | 照明设计中的定点照明和环境营造

设计：KAZ设计事务所　照片提供：Nacasa & Partners

设计：KAZ设计事务所　照片提供：山本MARIKO

小贴士 现场的各种小知识
Pick UP ● 照明设计要注意色温

　　在照明设计中，如果考虑的是任务，那么照度就是重点；如果考虑的是环境，那么色温就是重点。一般色温越低人会感觉越放松，如果想打造适于休息的居住空间，那么就要调低色温。反之，如果需要在空间中保持头脑清醒，如学校、办公空间，那么就要将照明色温调高。最理想的照明色温是根据自然光的色温进行调节，使用LED灯更易于色温调配。

058

照明器具

灯具：Bon Jour Versailles（意大利灯具品牌FLOS）
设计师：Philippe Starck
照片提供：日本Froth

要点 照明器具的选择属于室内设计的范畴
在样板间中确认照明器具的大小、质感、光源等

照明器具的种类

照明设计虽然是对光进行设计，但也属于产品设计的范畴，因为在不点亮的时候照明器具也是一种装饰。

照明器具种类多样，安装在不同位置的名称也各不相同，比如预埋在天花板的筒灯，从天花板垂下来的吊灯，紧贴固定在天花板的吸顶灯，挂在墙壁上的壁灯，放在地面上的落地灯，还有放在普通桌面上的台灯和用于学习工作的台灯等（图）。另外，还有为某一主题单独照明的射灯，以及由多个光源组合在一起装饰性很强的装饰性吊灯等。这些都可以根据日式房间内氛围来进行搭配（照片）。

间接照明的本质

近几年，间接照明非常流行。间接照明是指照明器具不表露在空间表面，而是隐藏在建筑装饰某处（地板、墙壁、天花板），其照射出来的光经过反射后，柔和地扩散开来，也被称作"建筑化照明"。照明器具并不是独立的个体，而是将其作为空间设计的一部分来进行考虑，同样需要前期的方案推敲。无眩光且柔和的间接照明设计，可以和建筑很好地融为一体，如今间接照明的应用不仅仅局限于酒店、商业设施，在住宅设计中也被广泛采用。

在有些间接照明设计中，失误屡见不鲜，比如只单方面考虑了照明器具的协调布置，而忽略了照明器具的间隔距离，结果造成光源与光源之间产生断光。还有在反射光面采用光滑材料，减弱了氛围光的反射效果，无法达到间接照明的目的等。

图 | 各种照明器具的名称

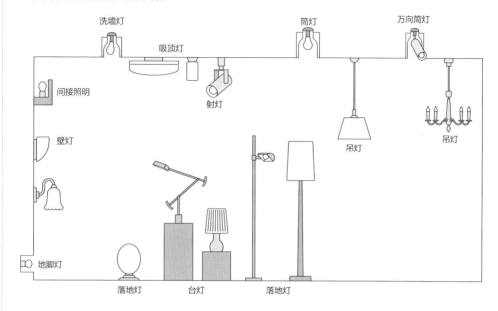

洗墙灯　吸顶灯　筒灯　万向筒灯

间接照明

射灯

壁灯

吊灯　吊灯

地脚灯

落地灯　台灯　落地灯

照片 | 综合运用多种照明方式

设计: KAZ设计事务所
照片提供: 山本MARIKO

设计: KAZ设计事务所
照片提供: 山本MARIKO

小贴士 现场的各种小知识

Pick UP **要注重吊灯的高度**

　　在餐桌的上方通常会设置一盏吊灯，其高度十分关键。在人们的固有观念中，一般一间房只有一盏灯，总是把光源的位置设置得很高。实际上，理想的餐桌照明高度在700~800 mm。这个高度刚好可以照满桌上的食物，光不会散出桌面。另外，在厨房的操作台面上方设置照明器具时，为防止撞头，需要调整高度，一般会将光源设置在1~1.2 m的高度。当然，不同照明器具的形状和亮度不同，需要对高度进行相应地调整，这需在现场实地解决。

059

照明项目

设计：KAZ设计事务所   照明设计：FORLIGHTS   照片提供：山本MARIKO

要点　根据场景调整照明方案
场景的设定是未来照明设计的关键

结合场景的照明设计

其实LED灯很早之前就已得到普及。笔者参与过一个化妆间的设计工作。在化妆镜的两侧将形状相同的色温为2 700K和5 000K的荧光灯灯泡交替布置，从而达到从正面给人脸打光的效果。这种照明也常被称为"好莱坞照明"。当时依照客户的要求，2 700K是用于晚间派对妆容照明，而5 000K是用于白天外出妆容照明。我们的日常生活是由各种场景串联起来的，用餐的场景、看电影的场景、听音乐的场景、交谈的场景、和宠物玩耍的场景、读书的场景、睡觉的场景，所有这些场景都应该具备相应的照明设计。场景照明的效果甚至可以控制人们在此场景中的专注力，而且现今的居住空间也在逐步向"大房间等同于多功能房间"的方向改进。因此，有必要将每一个生活空间作为独立的场景来进行照明设计。

使用场景遥控器控制照明

场景照明可以通过"场景遥控器"的程序系统进行控制。每条线路都设有开关、调光、定时等功能，只要通过一个按键就可以轻松切换。通过灯光的变换，可以演绎出与场景相符的氛围，而智能音箱的应用又使场景照明控制更为便捷。除了场景遥控器以外，人体感应控制、光感应控制、定时控制等也被广泛应用于场景照明，今后照明系统的重要性可想而知（图1、图2）。

图1｜控制面板

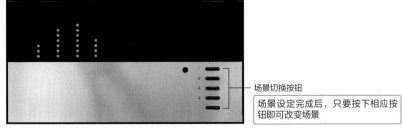

场景切换按钮

场景设定完成后，只要按下相应按钮即可改变场景

配光器3000型
图片：RouteLong aska

图2｜系统图

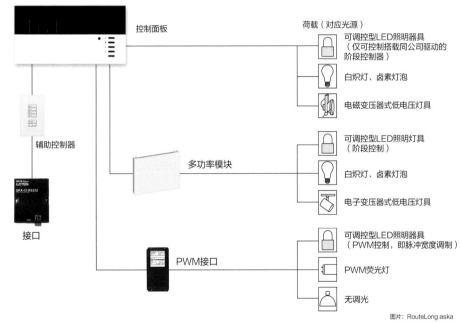

控制面板

辅助控制器

接口

多功率模块

PWM接口

荷载（对应光源）

可调控型LED照明器具
（仅可控制搭载同公司驱动的阶段控制器）

白炽灯、卤素灯泡

电磁变压器式低电压灯具

可调控型LED照明灯具
（阶段控制）

白炽灯、卤素灯泡

电子变压器式低电压灯具

可调控型LED照明器具
（PWM控制，即脉冲宽度调制）

PWM荧光灯

无调光

图片：RouteLong aska
配光器3000型系统说明

小贴士 ▎现场的各种小知识

Pick UP ● LED 灯

　　人们通过控制电压来调整白炽灯的亮度。而LED灯的亮度则无法通过电压控制，必须通过专用的控制系统才能调光。LED照明器具很适合按钮式调光，各品牌均在这方面进行了尝试，所以最好在选择LED灯的同时也使用相同品牌的遥控器。这种情况可能会出现不喜欢遥控器的设计等问题。

　　还有一点需要注意的是，白炽灯在降低电压的同时色温也会随之下降，但LED灯不会，即使调整光亮色温仍然不会改变。两者调光后光线营造的氛围也是完全不同的。

060

插座、配电箱

设计：KAZ设计事务所　照片提供：山本MARIKO

要点 高压电通过变压器将电压降到适用范围，之后再将低压电输送至每家用户
用电功率超过 1 kW 的时候需要使用专属供电线路

配电箱和线路数

无论是独栋住宅还是公寓，导入的电路（干线）都先进入配电箱。电流经由电力公司安装的总断路器保护器（电流断路器），传入漏电断路器，再分别通过几个分路隔离开关（安全开关），连接到分路终端上的插座或者电器设备（负荷）。每条电路的最大负荷电流为15 A，可接入数个电器，但如果是空调这种功率大的电器就需要配备专用线路。有些电器产品需要设置100 V或200 V的专用线路。若添加厨房里功率大的电器[1]，在翻修的时候则需要增设强电的线路数量。当备用线路的数量不足时，需要更换配电箱，必须确认既有配电箱和线路的状态。

普通住宅以单相三线形式为主

在日本，普通住宅以"单相三线"配线为主（图1）。插入插座（图2）即可使用的笔记本电脑、有地线的冰箱、冰柜以及洗衣机等，也可在100 V环境下使用。IH电磁炉、洗碗机等200 V的电器也逐渐多了起来。

单相三线可以像上述一样使用100 V或200 V两种电压。但是在老旧建筑中还有单相双线的情况。在独栋住宅中，从电线杆直接重新导入线路是可能的，但如果是公寓就需要全体居民同意并且支付相关费用，否则无法更换为单相三线。LED灯、手机、笔记本电脑等近年来常用12 V电源和USB供电，重构整体配电方案的必要性逐渐突显。

1　日本民用电压分为两种，分别是100 V和200 V。

图1 | 单相三线100V/200V布线图

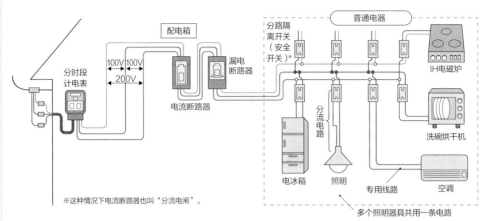

※这种情况下电流断路器也叫"分流电闸"。

多个照明器具共用一条电路

图2 | 开关和插座

开关与插座有各种各样的设计，能给使用者很多选择，如边线鲜明的方形类、复古的传统拨片型、切换键型都很受欢迎
结合室内装修的风格可以选取裸线配线，或者使用铁管、金属盒等很富有工业感的材料作为开关与插座的接线盒

拨片开关（传统系列）

KAG 开关（NK系列）

照片提供：
神保电器株式会社

插座类型汇总

切换键开关（PXP-TTS-10 型）

照片提供：
音常工业株式会社

按压式开关

照片提供：松下电器株式会社

小贴士 Pick UP ● 现场的各种小知识

无线充电器

人们常用手机代替闹钟。住宅、酒店等场所都会在枕边配置电源。新款智能手机都有无线充电功能，而且很多无线电充电装置的充电线圈会预埋在家具中，充满设计感。

办公室中也需要针对个人智能手机和笔记本电脑配备无线充电装置，当然其在会议桌上的收口细节也需要细致考虑。

无线充电标准（QI）对应充电器。只要是对应QI的充电器，无论哪个厂家和品牌，都可以做到放置即充电。

资料提供：音常工业株式会社
商品名：ZENS无线充电器系列

061

网络环境
——LAN和Wi-Fi

照片提供：博士（Bose） 商品名：博士500

要点　网络在今天的住宅中不可或缺
设计师需要了解有线网络和无线网络的规格

网络环境的重要性与日俱增

在现代生活中，网络环境是不可或缺的。通过互联网看电影和视频的人日益增多，不仅笔记本电脑，就连电视机也会配备高速网络接口。

关于电线杆到住宅之间的线缆，如果是独栋建筑的话，可以直接引入光纤。但如果是公寓，可能会有还未配备光纤的情况，这就需要向业委会或物业公司提出申请引入。房间内部多使用局域网（LAN）和无线网络通信（Wi-Fi）。若需要稳定且高速的网络，则一般建议使用有线连接。特别是浏览数据量大的影像、视频时推荐用有线局域网。

LAN 的各种分类

网线有诸多分类和规格，其通信速率也各不相同。如果考虑到后期更换排线的情况，推荐埋入墙内时使用合成树脂管。Wi-Fi也有不同规格，推荐使用最新型的路由器。但是在独栋建筑中由于结构原因，有时候Wi-Fi信号会难以抵达房间各处角落。这时候就需要考虑主路由器的位置和使用信号放大器的方法了。

在未来的住宅中，所有的家用电器应该都会成为可以连接上网的"智能家电"。各种行政手续、工作推进可能也都能在网上进行，居家办公必将成为主流，沟通和交流也会通过网络变为在线对接。所以说，网络环境对生活来说会越来越重要（图1、图2、照片）。

图1 | 独栋住宅内部组网的构成形式

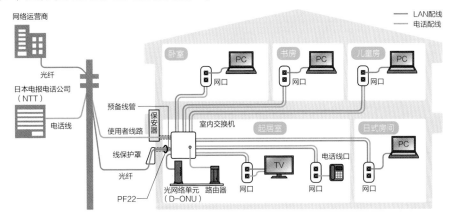

- —— LAN配线
- —— 电话配线

网络运营商

光纤

日本电报电话公司
（NTT）

电话线

预备线管

使用者线路

保安器

线保护罩

光纤

PF22

光网络单元
（D-ONU）

路由器

室内交换机

卧室 PC 网口

书房 PC 网口

儿童房 PC 网口

起居室

日式房间 PC

TV

网口

电话线口

网口

网口

图2 | 公寓内部组网的构成形式

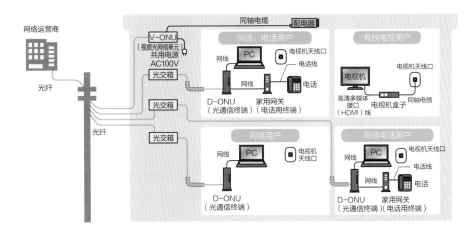

网络运营商

光纤

光纤

同轴电缆 配电器

V-ONU
（视频光网络单元）
共用电源
AC100V

光交箱

光交箱

光交箱

网络、电话用户

网线 PC

网线

电视机天线口

电话线

电话

D-ONU
（光通信终端）

家用网关
（电话用终端）

有线电视用户

电视机

电视机天线口

高清多媒体
接口
（HDMI）线

电视机盒子 同轴电缆

网络用户

网线 PC

电视机
天线口

D-ONU
（光通信终端）

网络电话用户

网线 PC

网线

电视机天线口

电话线

电话

D-ONU
（光通信终端）

家用网关
（电话用终端）

照片 | 居家办公的案例

设计及照片提供：KAZ设计事务所

设计：KAZ设计事务所 照片提供：山本MARIKO

062

换气设计

设计：KAZ设计事务所　照片提供：山本MARIKO

室内换气的设计应符合法律规范
所需换气量要根据排出量进行计算

自然换气与机械换气

现在的建筑物都具有高气密性、隔热性强等特点。黏结剂和涂料等挥发的甲醛、挥发性有机化合物（VOC）等有害化学物质引发了"病住宅综合征"的出现，对人们健康造成很大影响，这一问题逐渐为人们所重视。因此，室内的换气设计便成为重要课题，根据日本《建筑基本法》的规定，建筑必须配备可24小时运转的换气装置。

换气有自然换气和机械换气之分。自然换气又可分成风力换气和温差换气。通常所说的换气，是指风力换气。日本《建筑基准法实施令》规定，建筑的有效换气面积应不少于套内面积的1/20。最好能够在两个方向设置开口，以便形成对流的通风体系。

必要换气量的计算依据房间的用途、产生污染物质的多少，以及室内人数等确定。类似卫生间、厨房、淋浴间等会在短时间内产生大量污染物质的空间，需要通过机械设备进行强制换气。尤其是厨房，由于燃气燃烧过程中消耗氧气并释放二氧化碳，不充分的换气极有可能酿成事故。至于厨房的必要换气量，可用所给的公式计算（表1）。

排风与回风的平衡很重要

做换气设计时，不仅要考虑到排风，还应考虑回风。假如回风量小于排风量，房间里将呈负压状态，外面的空气会从门窗等缝隙强行钻入，产生尖锐的哨声，内拉式房门也很难打开。另外，在采用多翼式风机时，排出气流经风道被输送至户外。输送距离越长、拐弯次数越多，换气能力也相对越弱。因此，空间换气不仅要考虑入口的换气量，也要计算排出口的换气量。

表1 │ 用火房间所需换气量计算公式

厨房等使用明火烹饪的空间内，需要保证必要的换气量，按照下面的公式可求得。

（根据日本《建筑基准法实施令》第20条第3款第2项，1970年日本建设省告示第1826号）

必要换气量（V）=常量（N）×理论废气量（K）×燃料消耗量或发热量（Q）

V：必要换气量（m³/h） N：根据换气设备确定（参照下图） K：理论废气量（m³/[kW·h] 或 m³/kg ）
Q：燃料消耗量（m³/h 或 kg/h）或发热量（kW/h）

常量（N）

常量：40	常量：30
无吸油烟机的情况 未使用吸油烟机的厨房或使用开放型灶具的房间等	吸油烟机型的情况 相当于使用一般排油烟风扇

常量：20

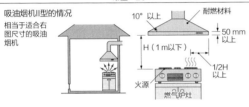

吸油烟机II型的情况
相当于适合右图尺寸的吸油烟机

理论废气量（K）

燃料种类	理论废气量
城市燃气12A	
城市燃气13A	
城市燃气5C	0.93 m³/（kWh）
城市燃气6B	
丁烷燃气	
LP燃气（以丙烷为主要成分）	0.93 m³/（kWh）（12.9 m³/kg）
煤油	12.1 m³/kg

燃气灶具及发热量（Q）（参考值）

燃气灶具		发热量
城市燃气13A	1口炉灶	4.65 kW/h
	2口炉灶	7.32 kW/h
	3口炉灶	8.95 kW/h
丙烷气	1口炉灶	4.20 kW/h
	2口炉灶	6.88 kW/h
	3口炉灶	8.05 kW/h

小贴士 Pick UP！ 现场的各种小知识

多翼式风机和螺旋桨风机

送风机有两种，一种是称作"螺旋桨风机"的轴流风机，还有一种是以多翼式风机为代表的离心风机（表2）。

与使用风道向户外排气的离心风机相比，安装在墙壁上，直接朝户外排气的轴流风机虽然风量很大，但其排气能力会被外部环境影响，并不适合较高的楼层使用。而且，近几年中岛式厨房逐渐成为主流，越来越多的用户选择使用多翼式风机。虽然吸油烟机的外形愈发美观，但是其在形状和排烟效率上并不尽如人意。

表2 │ 风机的种类及其特征

	种类和特征	形状	叶片	用途
轴流风机	螺旋桨风机 ①轴流风机中结构最简单最小巧的型号。 ②风量大，在0～30 Pa之间，受到风道的阻抗时，风量急剧减少。 ③另外还有连接排气管的抗压换气扇，插入排气管的紧密型斜流风机。			用于厨房、卫生间等，直接镶嵌在外墙上
离心风机	多翼式风机 ①与水车原理相同，叶轮间隔小，扇叶密集，朝向前方。 ②静压高，适用于所有送风机。			空调机、吸油烟机等不直接安装在外墙，且要使用烟道排风

063

声环境

照片提供: KAZ设计事务所

 要点 了解声音的传播方式，控制回声

声音的属性

声音的特性可以由响度、音高和音色这3个要素来描述。平时，我们对"声音大小"的感觉，是用声压的高低来判断的。声音的响度则指这个声压，用单位"分贝"（dB）表示。

因为声音是在空气中传播的波动现象，所以其性质会随着波长而改变。我们用频率来表示我们耳朵所听到声音的音高。想必弹奏乐器的人都知道，乐器调音时，大多将基准音（A=La）定在440 kHz。音程每提高1个8度，频率将增大1倍。譬如，原本频率440 Hz的A音在被提高两个8度后，其频率变成1 760 Hz。而人声音的频率，男性为100~400 Hz，女性为150~1200 Hz。

钢琴或吉他之类固有的声音，则被称为"音色"。即使是频率相同的声音，我们的耳朵也能分辨出其音色的区别。我们

可以将耳朵听到的声音分解为以上3个要素，并以此来分辨获得的信息。

考虑残响的声环境设计

在设计声环境时，回声也是一个重要问题。像石材、瓷砖和玻璃那样表面光滑、内部致密的材料，吸声性能很差。传到墙壁上的声音不被吸收，总会反射余音并持续一段时间，这就是所谓"回声"。例如，在墙壁贴着瓷砖的浴室内，一旦发出声音，回声会持续相当长的时间。当反射的声音与发出的声音重合后再被我们听到时，就会产生类似歌唱中悦耳的共鸣效果，但在谈话时人们却不一定喜欢这样的声音。此外，我们可以利用回声较少的环境营造出令人气定神闲的氛围。但如果寂静得听不到一点声响的空间，也同样易造成人们紧张的情绪。

图 | 声音的传播

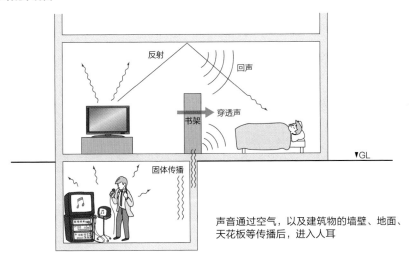

声音通过空气，以及建筑物的墙壁、地面、天花板等传播后，进入人耳

表 | 关于噪声的环境标准

区域		按时间划分的基准值	
		早6时—晚10时	晚10时—早6时
非面向道路区域	面向道路区域	50以下	40以下
	特别需要安静的区域	55以下	45以下
	大量住宅与商业、工业等设施并存的区域	60以下	50以下
专门用于居住的区域	在特别需要安静的区域内、面向两条车道以上道路的区域	60以下	55以下
	在居住区内、面向两条车道以上道路的区域，大量住宅与商业、工业等设施并存的区域中，面向机动车道路的区域	65以下	60以下
	靠近交通干线的空间（特殊情况）	70以下	65以下

单位：dB（A）

　　人耳不断地听到声音，而且，几乎总是多种不同频率的声音交织在一起。当超出一定限度时，则成为噪声（图、表）。尤其城市中心区，噪声十分严重。噪声对人们谈话等构成的妨碍，被称为"掩蔽现象"。不过，在噪声中仍可清楚分辨出你所关注的某种声音。人的这种能力也被称为"鸡尾酒会效应"，就是人即便在嘈杂的噪声中，也能够听清自己所关心的谈话内容。

064

厨房的热源

——煤气灶和 IH电磁炉

照片提供：纲岛商贸有限公司　制造商：ASKO　展示产品：HG1935AB

要点 热源分为燃气和电气两种，需选择适合生活方式的热源

燃气灶和电磁炉的区别

普通厨房的常用烹饪加热设备有电磁炉和燃气灶。电磁炉在表面玻璃层下设有线圈，当电流通过时产生电磁感应，使烹饪用的锅体发热。但有些灶具是无法在电磁炉上使用的。

依据日本2008年颁布的法律，燃气灶的所有喷嘴均需配设符合国际单位标准的传感器，以保障其安全性。燃气灶是通过燃气燃烧产生火焰，从而导致房间内部空气污浊，而IH电磁灶是环保产品，甚至不需要排风。这种情况由于没有上升热气流，所以灶台上方吸油烟机的换气效率有所降低。而在欧洲广泛使用的下排烟吸油烟机可以解决这一问题。

无烤鱼箱的炉灶

日本的系统厨房中，烤鱼箱是标配产品。但是通过调查得知，80%的受访者表示没有也无所谓。所以，近年来无烤鱼箱的炉灶逐渐多了起来。而可以自由组合的"多米诺式"操作台的出现，使得厨房的设计内容大大增加。不会像之前带烤鱼箱的炉灶那样难以清理，而且可以拥有多种功能和高性能（照片1~照片3）。

照片1 | 多米诺式操作台

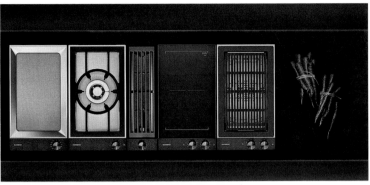

将规定模数的器材根据个人使用习惯进行组合。（从左向右）铁板烧、强火燃气灶、下排烟油烟机、IH 电磁炉、烤肉网。器材的种类和排列都可以自由组合

照片提供：N.tec株式会社
制造商：嘉格纳
商品名：炉灶面 200 系列

照片2 | 带烤鱼箱的炉灶

不仅提高了烤鱼箱的功能性，且拥有亚光黑的经典外观

照片提供：能率株式会社
商品名：PIATO复合烤箱

照片3 | 无烤鱼箱的炉灶

仅配齐烹饪必需的功能，节约空间、设计简洁的无烤鱼箱炉灶

照片提供：爱莉菲尼有限公司
型号：A651H3BK

小贴士 ! Pick UP 现场的各种小知识

饮食教育与接触教育

近年来，随着电磁炉的迅速普及，社会上出现了许多对电磁炉的误解。其中最突出的是人们认为电磁炉不使用明火，不会酿成火灾。事实上，因为使用不当，IH 电磁炉导致过多场火灾，后来逐渐引起人们的重视。在一些烹饪节目和杂志的特辑中，使用过少的油来炸食物时，会由于油温达到燃点而导致出现明火燃烧。因此，不管是燃气灶，还是

电磁炉，都应遵循烹饪时人不可离开的原则。不管是选用电磁炉还是燃气灶，应根据个人生活需要进行选择。而且，从"饮食教育（接触教育）"的观点来看，燃气灶的减少会导致一种社会缺失。如果家庭中可以看到明火的场所完全消失了，那么将来的孩子们，可能会在对"火"毫无所知的状况下长大，这一点很令人忧虑。

065

厨房的热源
——烤箱等嵌入式电器

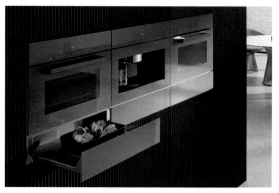

要点　如果能熟练使用烤箱，那么配置两口铁锅就足够了
各种嵌入式电器让厨房变得更加美观

熟练使用烤箱

很多家庭将从电器商店买来的烤箱、微波炉放在镂空的储物架上，而且通常配置的还会有烤面包机、咖啡机、电饭锅、热水壶等家电。若这些家电的设计风格一致，则看上去会比较整齐，但现实情况是这些电器的风格很难统一。近几年，吧台式厨房越来越多，厨房背景墙的材质和颜色也是多种多样，再加上风格各异的厨房电器，这样看起来并不美观。

日常生活中能够熟练使用烤箱的人没有那么多。欧洲家庭或者专业厨师经常使用烤箱。比如汉堡中的牛肉饼，不需要煎锅，可以直接用烤箱烤好。而且烤箱只要设置好温度和时间，就可以在烤制过程中去做其他事情。烤箱是能够让生活变得便利的家电。熟练使用的话，另外再购买两口锅就足够了，这样还能有更大的台面空间。

在家里也可以实现专业的烹调

最近，餐饮业的真空烹调和低温烹调等方法成为风尚。拉面店非常流行低温烹调的烤叉烧。本来只有专用设备才能实现的烹饪方法，现在只要预装好相应的厨房家电，就也可以实现。如果使用真空料理机、蒸箱和加热器等厨房电器（照片），那么在家也可以做出媲美专业厨师的菜肴。其他的厨房电器还包括嵌入式咖啡机等，可以放入壁橱，使厨房更加整洁。大部分嵌入式家电在设计上都需要确保220 V的电压和足够的散热空间。

照片｜嵌入式厨房电器

900 mm 宽的高端烤箱
照片提供：NTEC 股份有限公司　生产厂家：嘉格纳
照片商品为高端烤箱　产品型号：EB 333410

真空料理机和蒸烤一体机
照片提供：纲岛贸易有限公司　生产厂家：ASKO
照片商品型号：ODV8127B OCS8664B

真空料理机
照片提供：NTEC 股份公司　生产厂家：嘉格纳
照片商品为嵌入式真空料理机　产品型号：DV 461 110

遗憾的是，日本目前还没有生产嵌入式厨房电器的厂家。在电器商场购买含烤箱功能微波炉的人比较多，但烤箱功能却很少被使用。比起在家经常使用烤箱的其他国家，日本民众的烹饪习惯与之有很大差异

嵌入式电烤箱

照片提供：
伊莱克斯（日本）股份有限公司
生产厂家：AEG
图片商品型号：
BPK842720M

嵌入式燃气烤箱

照片提供：
纲岛商贸有限公司
生产厂家：
BERTAZZONI
图片商品型号：
F680D9

烤箱、咖啡机、蒸箱组合在一起也很美观　　　　　照片提供：美诺（日本）股份有限公司

066

厨房的换气设备

设计：MAZ设计事务所　照片提供：山本MARIKO

要点 吸油烟机的存在感很强，需要慎重选择安装位置要适合使用者

通过设计来选择吸油烟机

近年来，吸油烟机的设计越来越时尚，大部分采用吸风口细长的设计，吸油烟机整体也比较细长。

吸油烟机宽度必须大于炉灶宽度，900 mm以上的宽度比较受欢迎。吸油烟机与水龙头一样，可选择的颜色越来越多，主流颜色为不锈钢色、银色、白色和黑色，可以结合室内的风格进行搭配。在吸风口安装滤油板，油烟被滤油板挡住，油脂附着在滤油板上，烟进入吸风口，这样可以大大减少沾染在内部滤网上的油污。

吸油烟机也可以定制。有从生产商提供的尺寸和颜色中选择的菜单式定制，也

有包括外形设计的整体定制。

通过安装位置来选择吸油烟机

根据不同的安装位置，吸油烟机有正面墙壁安装、侧面墙壁安装（半岛式）、吊顶式安装、吊顶预埋式安装和台面安装（照片）。很多家庭为了配合半岛式厨房设计，采用侧面墙壁安装的方式。

根据相关法规，吸油烟机需要高于热源800 mm以上，实际安装时还需要考虑使用者的身高。最后，根据墙面瓷砖纹理缝隙进行微调。

吸油烟机需要完全覆盖热源范围，最好覆盖到台面前面50 mm的距离。

照片 | 不同位置安装的吸油烟机

侧面墙壁安装（半岛式、涂装）

照片提供：爱莉菲尼股份有限公司
产品名：Side Calla 型号：SCALL-951TW

侧面墙壁安装（半岛式、不锈钢）

照片提供：HEJ有限股份公司
型号：SSM-901

正面墙壁安装（黑色不锈钢）

照片提供：COOKHOODLE
产品名：Nightfal 型号：NF90 BS

吊顶式

照片提供：爱莉菲尼股份有限公司
产品名：Center Federica 型号：CFEDL-952S

台面安装式

照片提供：NTEC股份有限公司提供 生产厂家：嘉格纳
照片商品为桌面吸油烟机 型号：AL400721

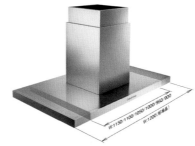

定制尺寸的吸油烟机

照片提供：爱莉菲尼股份有限公司
产品名：Center Dodici 型号：CDODL-1251S

定制不锈钢外壳包装现有的吸油烟机

设计：KAZ设计事务所
照片提供：山本MARIKO

吊顶预埋式吸油烟机

设计及照片提供：KAZ设计事务所
品牌名：COOKHOODLE 照片商品：Stratosphere 型号：SP110 HL

067

厨房的水槽和水龙头

照片提供：日铁物产MATEX株式会社　制造商：科勒

要点　水槽与操作台面要挑选符合业主饮食习惯的款式
厨房水龙头的设计将成为今后厨房设计的关键

增加水槽材质的可选择性

水槽的材质有不锈钢、陶瓷、人造大理石（照片1）、搪瓷、水磨石等。近年来，在不锈钢表面做玻璃涂层的彩色水槽（照片2）、与操作台面材料相同的石英石水槽（照片3）以及深色陶瓷水槽都非常受欢迎。与台面采用相同材料制作的水槽可以实现各部位的无缝连接，作为一体式水槽，其台面非常易清理，水渍、油渍不会渗入缝隙中，但其维修成本较高。另外，还有台下水槽、台上水槽、裙边水槽等（照片4），人们对厨房的印象会因所选水槽的样式不同而有所不同，所以在选择水槽时需要慎重。

水槽的大小应根据生活方式来决定，现在的主流趋势为宽750 mm的水槽。当然，不仅仅是水槽型号，是否有沥水架、过滤网、挡水板等也是需要考虑的因素。

业主也可以根据自己的使用习惯定制水槽款式。在选择水槽时，还要考虑到洗涤剂和洗碗布的摆放位置。

种类多样的厨房水龙头

现在的厨房水龙头几乎都具备手持花洒或切换出水方式等功能，更有无需触碰通过红外线感应的感应式水龙头和静电触碰式水龙头等（照片5）。

近年来，水龙头的金属质地成了主导厨房整体设计的一个重要选项。大多数的厨房水龙头都采用镀铬表面的金属水龙头，但也不仅仅只局限于不锈钢色，也有亚光黑、黑色不锈钢、金色、黄铜等独具特点的水龙头颜色（照片6）。在颜色选择上可以更加贴近厨房的整体风格。

嵌入式净水器、碱性离子器、富氢离子水生成器等也应该被列入选择范畴。

照片1 | 人工大理石水槽

设计：KAZ设计事务所　照片提供：八幡宏

照片2 | 定制款彩色水槽

照片提供：松冈制作股份有限公司

照片3 | 石英石面水槽

照片提供：大日化成工业株式会社

照片4 | 裙边水槽

照片提供：日铁物产MATEX株式会社
制造商：科勒

照片5 | 功能多样的厨房水龙头

照片提供：汉斯格雅日本株式会社

照片提供：骊住（日本）股份有限公司

照片6 | 色彩多样的厨房水龙头

照片提供：概念B株式会社
制造商：DELTA

照片提供：le bain　制造商：德国Doombracht
商品名：1孔型单把手厨房混合水龙头（头部可伸缩型）

照片提供：SU技研　制造商：KWC

小贴士 Pick UP ● 现场的各种小知识

圆形水槽

　　在欧洲，多使用圆形的水槽，直径大多为300 mm。这种尺寸并不适用于日本人的饮食生活方式。理想的水槽宽度至少应有600 mm。而且，在安装水槽时，必须考虑到其与操作台面的接合、水龙头的固定方式，以及烹饪时站立的位置等诸多方面的因素。否则，安装后的水槽使用起来会很不方便。右图中是一个直径为600 mm的圆形水槽，装有75 mm高的突缘。单柄混合水龙头、净水器和皂液器均安置在边缘。水槽安装在凹字形的厨房角落，只有1/4探出台面，既便于水槽下伸脚，又不觉得距水龙头过远。而且，这个圆形水槽中还安装了一个半圆的滤网，形成一个半圆的水盆。

设计：KAZ设计事务所　照片提供：佐藤伦子

068

厨房中用于清洗和保存的设备

照片提供：纲岛商事有限公司　制造商：ASKO

要点 洗碗机已成为家用必备品
冰箱的选择要参考住户的人数及购物的频率

餐具清洗机

现在越来越多的家庭选择安装洗碗机，甚至采用欧美进口洗碗机。日本的洗碗机主要是从干燥机过渡而来的，其干燥性能更为优越。而欧洲国家更加注重节水，其洗碗机的功能更重视如何在节约用水的同时把碗洗干净，相比之下其干燥性能较弱。但是，随着技术的不断进步，各大进口品牌在洗碗机干燥能力上也都有所提升（照片1）。此外，还需要注意进口洗碗机的一些弊端，例如安装后无法同垭口边缘对齐，收口处不美观等。

日本洗碗机和欧美洗碗机最根本的区别在于容量的大小。日本人每顿饭后都要清洗并干燥碗筷，而欧美人是积攒一天的量集中清洗，生活习惯完全不同，因而对洗碗机的容量需求也各不相同。如果要清

洁锅、炒勺和烤盘，那么进口洗碗机（宽为600 mm）更加合适。

冰箱、冰柜

购买冰箱应该从大小、款式、价格、家庭人数和购物频率来进行综合考量（照片2）。如果比较重视容量，那么建议购买美国生产的大容量冰箱。但最近，日本的冰箱款式也出现了大平面门设计，比起过去的传统款式更加新颖。另外，嵌入式冰箱也在设计上得到了很大提升。

冰柜和冰箱在家电产品中属于体积较大的，因此在购买前不仅要事先考虑好放置的位置，还要考虑好搬运的路径，安置时还要考虑冰箱门的开关是否适宜等问题。另外，因为冰箱和冰柜的体积较大，最好放置在嵌入式空间中收纳，避免裸露在外过于显眼。

照片1 | 洗碗机

照片提供：美诺（日本）有限公司

照片提供：N·TEC有限公司　制造商：嘉格纳
案例商品：DI 250 461

照片提供：纲岛商贸有限公司
制造商：ASKO　案例商品：DFI655

照片提供：伊莱克斯（日本）股份有限公司　制造商：AEG
案例商品：FEE93810PM

照片提供：G-Place有限公司　制造商：博世

照片2 | 冰箱

照片提供：intac-SPS　制造商：LiEBHERR
案例商品：SBS 70l4 Premium

照片提供：N·TEC有限公司　制造商：嘉格纳
案例商品：组合型冰箱（RC 472 304）

照片提供：吉冈电器工业有限公司
制造商：mabe
案例商品：彩色冰箱

小贴士 Pick UP ❗ 现场的各种小知识

建议选用宽为 600 mm 的洗碗机

　　洗碗机是利用高速旋转的喷淋臂喷射出的高温高压水柱冲洗掉餐具上的污渍。按宽度可分为450 mm和600 mm。450 mm型洗碗机机腔内部进深大于宽度，旋转叶片只是沿宽度方向喷射水流，并且水流分布也不均匀。而600 mm型机腔内部宽度与进深几乎相等，喷射的水流也比较均匀。从这个角度来看，600 mm型更具优势。

069

厨房垃圾处理设备

照片提供：SINKPIA JAPAN

要点 留出摆放垃圾桶的位置很重要
尽量采用可处理厨余垃圾的设备

垃圾桶的摆放位置

垃圾处理是厨房设计中的最大难题之一。有关垃圾分类的方法，虽然各地方政府的规定不尽相同，但是也有不少地方政府倾向于做更加细致的分类。这也使很多垃圾桶的摆放位置成了棘手的问题。通常的做法是在水槽下的抽屉中放置带盖的垃圾桶。但因需要拉抽屉、开盖子这两个动作，有些麻烦，故可将水槽下面敞开，将带脚轮的垃圾桶放入其中。不过，此处收纳垃圾桶的数目毕竟有限，从总量上看仍然不足。因此，还须另备其他用途的垃圾桶。假如空间稍有富余，可设一个步入式储藏空间，再将垃圾桶放入其中，或许是更有效的方法。

处理厨余垃圾的方法

在厨房产生的垃圾中，最需要注意的就是散发难闻气味的厨余垃圾。因此，厨余垃圾处理设备十分重要。

垃圾粉碎机

垃圾粉碎机坚硬的刀刃飞快旋转，厨余垃圾被粉碎后径直进入排水系统（图1）。这种处理方法虽然很方便，但会加重排水系统的负荷，所以很多地方政府限制使用该设备。在选用之前，必须对此加以确认。不过，只要设置净化槽便可解决这一问题。因此，很多高层建筑都将其作为标准配置。

厨余垃圾处理机（分解型）

依靠微生物的作用将垃圾分解成有机物和二氧化碳。处理完1千克厨余垃圾约需24小时（图2）。

厨余垃圾处理机（干燥型）

干燥型厨余垃圾处理机将厨余垃圾进行固液分离后，从盆下水排走水分，留下固态干燥的垃圾粉末，方便另外保存和处理（图3）。还有一种单体处理型，可置于厨房角落或阳台上，既可使厨余垃圾干燥，减轻重量，又可进行除菌处理（照片1）。

此外，还有自动开盖式垃圾桶以及有设计感的垃圾桶（照片2、照片3），在选用该种设备时，应考虑个人饮食生活方式以及维护成本等因素。

图1 | 垃圾粉碎机

照片提供:
FROM工业有限公司
案例商品:
FORM工业垃圾粉碎机
YS-8100

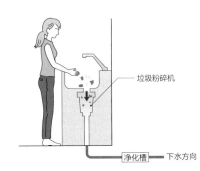

垃圾粉碎机

净化槽　下水方向

使用垃圾粉碎机要依照所在地方政府的规定。有部分地方政府允许将粉碎垃圾直接排入下水管道。在获得地方政府许可后,方可实施安装

图2 | 厨余垃圾处理机(预埋分解型)

图片:
SINKPIA JAPAN

厨余垃圾

靠微生物分解作用

排出

水　二氧化碳

图3 | 厨余垃圾处理机(预埋干燥型)

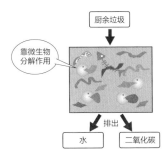

盖子(开关)
固液分离装置
取得专利第3600474号
分离、回收
驱动装置
排气扇
干燥装置
粉碎
垃圾粉碎机
固液分离滤网
厨余垃圾的流向
排水的流向
排气的流向
排水
加热器
垃圾储存台
干燥

1. 将厨余垃圾粉碎成小块
2. 将厨余垃圾脱水
3. 将厨余垃圾回收、干燥

照片提供: 筑摩精机有限公司
案例商品: 家庭用厨余垃圾处理机　案例商品: Kitchen Carat

照片1 | 厨余垃圾处理机(单体处理型)

照片提供: 株式会社伝然
案例照片: 家用厨余垃圾处理机 NAXLU

照片2 | 自动开盖式垃圾桶

照片提供: 株式会社SAKURA DOME
案例商品: 开盖垃圾桶 ZitA

照片3 | 有设计感的垃圾桶

照片提供: 清水产业有限公司　案例商品: Hailo big box

070

浴缸的种类

设计：KAZ设计事务所　策划：ARISUTO咨询公司　照片提供：山本MARIKO

要点 浴缸的大小及其安装方法应在考虑个人生活方式的基础上决定
营造使人放松的浴室空间氛围

根据形状和安装方法分类

　　家庭用浴缸的主要区别在于深度，一般可分为西式、日式及折中式3种（表1）。西式浴缸的长为1 400~1 600 mm，深为400~450 mm；日式浴缸长为800~1 200 mm，深为450~650 mm。不同深度适合不同的入浴方式。欧美人喜欢将身体舒展开来，长时间浸泡在浴缸里；日本人则习惯将身体肩部以下浸在较热的水中。相较而言，折中式浴缸的使用人数最多。此外，还有圆形的浴缸。

　　浴缸的安装方式有嵌入式、半嵌入式、独立式等。对于老年人来说，要跨入较深的浴缸有一定困难，且易发生事故。从安全角度考虑，应采用半嵌入式安装方式，选择护理专用浴缸或者浴缸一边设转椅。

根据材料和功能分类

　　制造浴缸的材料有人造大理石、纤维增强复合塑胶（FRP）、木材、不锈钢、铸铁搪瓷等（表2）。近来，颇具豪华感的人造大理石浴缸逐渐成为主流。不过，从前那种兼具厚重感及保温性的铸铁搪瓷浴缸，人气仍然很旺。另外，对使用桧木之类耐水性很强的木材制成的木质浴槽，需求也很大（照片1）。

　　随着冲浪浴缸（照片2）及泡泡浴的流行，人们待在浴室里的时间也变长了，由此，浴室也逐渐走向大型化和个性化（照片3、照片4）。越来越多的浴室不仅在浴缸内装有照明灯具，而且还在浴室内配备了音响装置和电视机。浴室作为使人放松的空间，其存在的价值毋庸置疑。

表1 | 根据形状划分的浴缸种类

种类	日式	西式	折中式
图示			
特点及尺寸	有足够的深度，可屈膝坐在里面，供喜欢水没到肩部的人使用。适合放在较小的浴室 长：800 ~ 1 200 mm 深：450 ~ 650 mm	入浴时可仰卧在又浅又长的浴缸内。浴室面积要足够大 长：1 400 ~ 1 600 mm 深：400 ~ 450 mm	可供半躺的折中式浅长浴缸。水可没肩，身体亦能适度伸展。该类型的使用者最多 长：1 100 ~ 1 600 mm 深：600 mm左右

表2 | 根据材料划分的浴缸种类

材质	特征
人造大理石	以合成树脂等为原料做成大理石肌理的浴缸，具有良好的保温性和耐久性，包括聚酯树脂类和丙烯酸树脂类。丙烯酸树脂类材料价格较高，但不易有划痕，触感舒适，彰显品质而且容易清理。因此，具有很高的人气
FRP	一种柔软而又温润的树脂材料，具有良好的保温性和防水性，手感好，色彩丰富，易与其他建材搭配。但容易产生划痕，价格适中，属于轻量化材料
不锈钢	不易脏，具有良好的保温性和耐久性，着色及设计都独具金属特有的质感，价格相较于其他款式也很适中
铸铁搪瓷	具有铁板基底和铜板基底两种形式，具备保温性强、耐久性好、触感舒适的特点。色彩丰富，易与其他室内装饰搭配，表面坚硬，方便打理。铸件材质体量重，施工较繁琐，但很结实、稳定感好
木材	通常会采用桧木等耐水性能好的木材。平时需经常打理，长时间放置会出现发霉等问题。现在市面上的木质浴缸都经过特殊处理，既保留了木材的质感，也解决了发霉等问题

照片1 | 桧木浴槽

照片提供：桧创建株式会社
案例商品：O-Bath M
设计者：川上元美

照片2 | 冲浪浴缸

照片提供：贾克森［骊住（日本）股份有限公司］

照片3 | 进口独立型异型浴缸

照片提供：杜拉维特日本有限公司　案例商品：Paiova 5 浴缸

照片4 | 铸铁搪瓷浴缸

照片提供：大和重工有限公司　案例商品：铸铁搪瓷浴缸 CASTIE

071

浴室和洗脸台的
水龙头金属配件

照片提供：Le Bain
品牌：Dornbracht
案例商品：天花板嵌入式淋浴（彩虹天空 M）

要点　浴室和洗脸台的水龙头金属配件颜色是关键，亚光型是主流
　　　　设计师还应了解多功能的花洒头

浴室的水龙头金属配件

　　现在的热水器多具有自动加热、添水功能，很少见浴缸安装专用的水龙头金属配件。淋浴花洒也大多数设有恒温器。在设计上，往往采用双手柄水龙头金属配件，需要事先仔细了解产品样册中的相关信息。

　　花洒的功能不断推陈出新，花洒的样式也多种多样（照片 1），例如注入空气让水产生微气泡，进而流出柔和的水流，增加节水性能、净水性能等。近来，顶喷式花洒非常地流行（照片 2）。人们根据自己的生活方式选择花洒，并结合浴缸，打造更加舒适的洗浴空间。

洗脸台的水龙头金属配件

　　洗脸台的水龙头大多数是单手柄的混合水龙头，也有少部分双手柄的水龙头款式。选择洗脸台水龙头的关键是出水口落水的位置。在洗脸池外侧安装水龙头的时候，如果水龙头头部很短，那么用起来就十分不方便，而出水口过高又会溅水。因此，在选择水龙头的金属配件上一定要多加注意。另外，洗脸台的安装高度要充分参考台盆高度，800~850 mm 的高度最合适。

　　洗脸台水龙头的款式、颜色也是多种多样的（照片 3~照片 5）。洗脸台盆的材料和颜色要符合洗脸台整体的风格。

照片1 | 多功能手持花洒

照片提供：汉斯格雅日本株式会社

照片3 | 像雕刻作品一样的水龙头金属配件

照片提供：汉斯格雅日本株式会社

照片2 | 顶喷式淋浴花洒和淋浴系统

照片提供：汉斯格雅日本株式会社

照片4 | 古典款式的水龙头金属配件

照片提供：日铁物产MATEX株式会社
制造商：科勒

照片5 | 多种颜色的水龙头金属配件

照片提供：高仪［骊住（日本）股份有限公司］

小贴士 Pick UP 现场的各种小知识

从洗脸、换衣区到盥洗室的转变

欧美住宅的卫生间大多装饰得非常漂亮。用心的设计不禁让人感叹竟然看上去就像一个独立的房间。地面、墙壁、天花板、照明灯具的选材，每处细节都考虑周到，并且强调私密性，更像是自己的专属房间。而日本的卫生间则是全家人共同使用的功能区域，包括洗脸、如厕、淋浴和换衣洗衣区。所以是否可以试想一下，洗衣机有没有必要一定放在卫生间，可不可以嵌入厨房，或者设置单独的洗衣房呢？

072

洗脸化妆台和
洗脸台盆

设计：日本 Reliance 卫浴洁具公司
照片提供：Alape

要点 洗脸台盆的选材需充分考虑台面的材料和洗脸台盆的安装方法

洗脸台盆的使用方法

与过去相比，用洗脸盆洗头发的人已经大幅减少，所以现在不需要太大的台盆。由于大部分家庭的洗漱空间所占面积不大，因此设计时需要考虑洗脸台的进深尺寸。特别是在早晨，有的家庭会有两个或以上的人同时使用洗脸台的情况，这种情况下通常需要设计双台盆的洗脸台，也可以采用1 m宽左右的大洗脸台盆，并安装两套水龙头。

台盆可以使用陶器、瓷器、搪瓷珐琅、铁质珐琅、人工大理石、玻璃、不锈钢和木材等材质。为了方便清洁，可以使用与台面一体成型的人工大理石，不过这种材质缺乏高级感。由于台盆的使用强度没有厨房水槽那么高，因此材料的选择上可以更自由。最近很流行边缘比较窄的洗脸台盆。

洗脸化妆台的设计定制

与厨房台面不同，洗脸台上很少会使用热水、热油、酸性物质等，相关的法规限制也比较少，所以洗脸台的安装难度比较低。做好防水的话，也可以使用木质台面。这样木工就可以现场制作和安装台面。在木质集成材上开口，并做好开口处的防水涂层，安装洗脸台盆和上下水五金件后，木质台面的洗脸化妆台就完成了。

洗脸台盆有台上、台下、无缝、半嵌入式、壁挂式和立柱式等安装方式。

木质台面应该选择与室内设计风格相配的树种。除木材外，还可以使用天然石材、金属、玻璃和树脂等材料，有无限的设计可能性。

第151页照片1~照片7为各种洗脸化妆台和洗脸台盆。

照片1 | 台上盆

照片提供：阿拉帕卫浴

照片2 | 玻璃手盆

照片提供：Le-Bain 卫浴

照片3 | 落地一体式台盆

照片提供：日铁物产MATEX株式公社
品牌：科勒

照片4 | 木制（桧木）洗脸台盆

照片提供：柏创建股份公司

照片5 | 桌式洗脸化妆台

照片提供：杜拉维特日本有限公司
商品：Cape Cod 洗脸盆、Cape Cod 落地式洗脸柜

照片6 | 木质定制洗脸台盆

设计：KAZ设计事务所　策划：RISTO咨询公司　照片提供：山本MARIKO

照片7 | 定制洗脸台盆

设计：KAZ设计事务所　照片提供：山本MARIKO

073

卫生间设备

要点 无水箱式坐便器比较流行。选择坐便器时，需要考虑功能性
卫生间洗手台的设计也很重要

坐便器选择的要点

一般家庭不设置单独的小便器，通常只安装坐便器。坐便器需要根据卫生间的空间大小来选择。最近比较流行无水箱式的坐便器（照片1、照片2）。无水箱式坐便器至少比有水箱的进深小 100 mm，不仅适用于空间较小的卫生间，还可以活用背面的墙壁空间。

在设计时，坐便器的功能性要纳入考虑范围。除了基础的温水冲洗、座圈加热等功能外，可供选择的还有暖风烘干、除菌、自动开关、音乐播放、除异味、与室内空调联动和抗菌等功能。随着生活水平的提高，人们对卫生更加注重，自动翻盖的功能更受欢迎。

另一个需要考虑的因素是智能坐便器的遥控器设计。除了比较时尚的设计、配有老龄用户易懂的标识外，还可以选择非标设计的遥控器，这需要和坐便器一同综合考虑（照片3）。

选择无水箱坐便器时，必须注意现场的水压。水压过低的话会造成坐便器无法使用，在重新装修时一定要测量水压。

卫生间洗手台

一般会在坐便器侧面或者正面设计进深200 mm左右的洗手台。卫生间设计除了考虑功能性外，还要考虑美观性，洗手台和台面的设计需要更加考究（照片4、照片5）。

照片1 | 壁挂式坐便器

照片提供: 杜拉维特日本有限公司
商品: SenoWash Starck系列温水冲洗 Darling New 壁挂式坐便器

照片2 | 公寓卫生间案例

设计及照片提供: KAZ设计事务所

照片3 |

多色彩和
多功能化
的坐便器

照片提供: 贾克森
[骊住（日本）股份有限公司]

照片4 | 卫生间洗手台（台上盆样式）

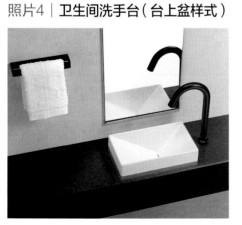

照片提供: Le-Bain卫浴

照片5 | 卫生间洗手台（台下盆样式）

照片提供: Le-Bain卫浴
品牌: 唯宝（Villeroy & Boch）

关于空调

不同颜色和图案的壁挂式空调让墙面设计更加丰富灵动

木格栅遮蔽空调的设计案例

设计：KAZ设计事务所　照片提供：山本MARIKO

类似长方体的壁挂式空调

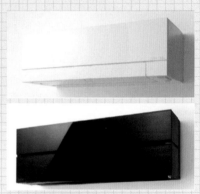

照片提供：三菱电机股份公司
商品：三菱室内空调雾峰风格FL系列

空调各方面性能都在不断提升，但是设计和安装却没有太大变化。如果吊顶空间足够大，那么空调就安装在吊顶内；如果不够大，那么就采用壁挂式并用格栅遮蔽。

近来，商家不断推出外形颜色新颖的空调，可以和室内设计更好地融合。

如果是独栋住宅，那么比较容易遮盖管线。但如果是公寓的话，冷媒管孔洞位置是固定的，那么遮盖装饰的难度会增加。设计时要尽量弱化管线的存在感，可以采用加大墙体厚度、内嵌管线的方式。这种方式虽然美观，但需要先行预埋管材，施工成本也会随之增加。

第6章

规划方案

074

室内空间规划
的基础

设计：KAZ设计事务所　照片提供：山本MARIKO

要点 家庭成员对于私密性的要求不同，制定规划方案时应加入环境要素
围绕行为所要求的基本功能构筑空间

建筑的模式语言

克里斯托弗·亚历山大于1977年写的《建筑模式语言》一书，经常被用作建筑学的参考书。该书指出，办公室和住宅都应采取从入口处向内私密性逐渐增强的方式进行规划（图）。也就是说，在住宅中，按照"玄关→公共空间→厨房→私家庭院→卧室（独立房间）"的顺序实践上述理论。

然而在日本，尤其是在城市中，并不能够完全套用这一理论。有些住宅的一楼光照不是很好，有时也会将家庭成员聚集的起居室设在远离玄关的二楼。经常有客人来访的家庭，需要仔细规划从玄关开始的动线。不同家庭的生活形态及交往方式存在较大差异。因此，设计者需要与业主进行充分的沟通后，才能制定出最合理的方案。

从行为到空间

发生在室内的各种行为对防水性、防污性、阻燃性、换气性等基本性能的要求各不相同。一个与业主及其家庭成员的生活形态相适应的规划方案，必须围绕上述功能制定，其中的重点包括各区域的距离、分区方法、连接方式、移动手段等空间构成的大方向，以及面材、家具、照明等要素的选择，如果是办公楼或店铺，那么还需要考虑不特定人群中多数人员的动线，规划方案更为复杂。

图 | 私密性的变化

①住宅

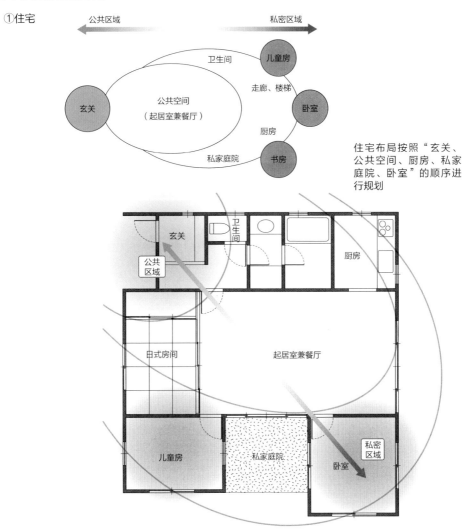

公共区域 → 私密区域

卫生间 儿童房

走廊、楼梯

玄关 公共空间 （起居室兼餐厅） 卧室

厨房

私家庭院 书房

住宅布局按照"玄关、公共空间、厨房、私家庭院、卧室"的顺序进行规划

玄关 卫生间 厨房

公共区域

田式房间 起居室兼餐厅

儿童房 私家庭院 私密区域 卧室

②办公室

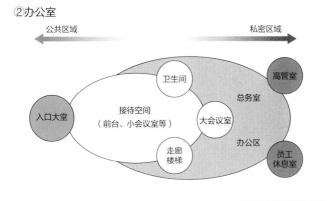

公共区域 → 私密区域

卫生间 高管室

总务室

入口大堂 接待空间 （前台、小会议室等） 大会议室

办公区

走廊 楼梯 员工 休息室

写字楼布局按照"入口大堂、接待空间、总务室、办公区、员工休息室、高管室"的顺序

075

玄关周围

设计：KAZ设计事务所
照片提供：山本MARIKO

要点 玄关是住宅中最具公共性的空间，
玄关也是迎接客人的场所，保持整洁很重要

将玄关当作第一客厅的理念

玄关是进入住宅最先映入眼帘的空间，也是外出前经过的最后一处空间。因此，可将其看成私密性最低、具有公共属性的场所。而且，这里也是用来换拖鞋或穿鞋子的空间。鉴于此，不妨将其称作"第一客厅"。

在日本，门厅的横框意味着佛教中所谓的"结界"，入口的门框通常会使用比较高级的材料，大概是因为能够穿越过这一道门框的人必须拥有一定的"资格"。

日本的传统住宅入口处会有很大面积的一块铺上土或水泥的地面，其被称作"土间"，是劳作的空间。而现代的"土间"面积很小，仅是一块在门口可以穿鞋踩踏的场地。

可见，玄关是用于连接室内、室外两个区域的公用部分。

"展示"的场所

过去很多人都将玄关看成住宅的门面（图1），是客人来访时相互问候的地方，因此在日本的传统住宅中，通常将玄关装修得很华丽，但卧室等自家人使用的空间却很简朴。

现代日本住宅的这种内外反差没有那么极端，但还是在保持玄关整洁形象的同时，装饰一些绘画和鲜花，或者利用照明营造独特的空间氛围。为了使效果更加明显，还会在玄关的朝向和布局上花些心思，比如装一扇隔断门，这样打开大门时，屋中全貌不会被一眼看到（图2、图3）。如果玄关面积相对宽裕，还可以扩建为"第一客厅"，比如扩建玄关外的空间面积，或者增加一个穿着鞋就可以直接从玄关进入室内的中间地带，用作与私密生活空间的过渡区。

图1 | 彰显气场的玄关

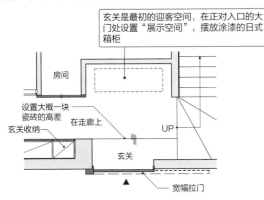

玄关是最初的迎客空间，在正对入口的大门处设置"展示空间"，摆放涂漆的日式箱柜

房间

设置大概一块瓷砖的高差

在走廊上

玄关收纳

UP

玄关

▲

宽幅拉门

设计及照片提供：KAZ设计事务所

图2 | 公寓玄关

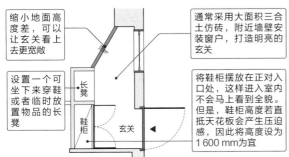

缩小地面高度差，可以让玄关看上去更宽敞

通常采用大面积三合土仿砖，附近墙壁安装窗户，打造明亮的玄关

设置一个可坐下来穿鞋或者临时放置物品的长凳

长凳

鞋柜

玄关

将鞋柜摆放在正对入口处，这样进入室内不会马上看到全貌。但是，鞋柜高度若直抵天花板会产生压迫感，因此将高度设为1 600 mm为宜

设计：KAZ设计事务所　照片提供：山本MARIKO

图3 | 独栋住宅的玄关

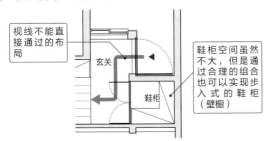

视线不能直接通过的布局

玄关

鞋柜

鞋柜空间虽然不大，但是通过合理的组合也可以实现步入式的鞋柜（壁橱）

小贴士 Pick UP ● 现场的各种小知识

回家先洗手

　　2020年伊始，突如其来的新冠肺炎疫情在全球蔓延，人们对日常清洁的关注不断提高。这种背景下，越来越多的业主希望在玄关设置洗手盆。当然，在玄关部分敷设给水排水管线并非易事，但在住宅翻新、改造时也是可以实现的。

设计：STUIDO KAZ　照片提供：山本真理子

076

厨房

——烹饪的空间

设计及照片提供：KAZ设计事务所

要点　厨房逐渐由单纯的烹饪空间演变为家人的交流空间
　　　　厨房是住宅中涵盖家庭要素最多的空间

厨房功能的转变

以前，厨房多被设计在住宅北侧背阴的空间。那时候没有现代的保鲜手段，背阴处便于储藏食物，也方便搬运食物。而最近，以厨房为中心的设计方案逐渐成为主流。这就意味着，厨房已不再是单纯用来保存食品和烹饪菜肴的场所，已逐渐演变为供家庭成员交流的空间。

不同的家庭，其成员间的交流方式以及对沟通的理解不尽相同。家庭形态是产生这种差异的原因之一。可以说，未来厨房规划的重点，就在于如何构建交流的空间（图）。

如今，人们的城市生活越来越便利，每天都可以从超市买来新鲜的食材，便利店更是随处可见，大型冰箱似乎已变得可

有可无。加之市场上有各种各样的速食食品，平时不做饭的人只要有台微波炉就足以应付。但是如果家庭成员比较多，而每个人又很忙碌，无法每天都去购物的话，仍需要置备大型冰箱。总之，厨房设计意味着对业主生活方式的设计。

厨房中的功能要素

厨房是整个住宅中融入功能要素最多的地方。除了给水排水、燃气、电气、给气排风等基础设备，还需要具有防水、防火、防污、耐腐蚀等性能，并且装修材料也要具备相应性能（表）。因此，设计师有必要了解整体厨房（定制厨房）、地砖、玻璃，以及最近流行的厨房板材等。

图 | 厨房案例

厨房位于整个住宅的中心地带

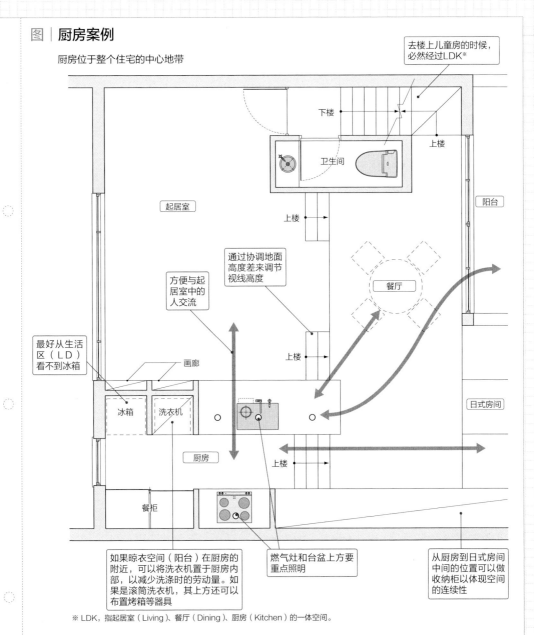

去楼上儿童房的时候，必然经过LDK※

下楼　上楼

卫生间

起居室　阳台

通过协调地面高度差来调节视线高度

方便与起居室中的人交流

餐厅

上楼

最好从生活区（LD）看不到冰箱

画廊

日式房间

冰箱　洗衣机

厨房

上楼

餐柜

如果晾衣空间（阳台）在厨房的附近，可以将洗衣机置于厨房内部，以减少洗涤时的劳动量。如果是滚筒洗衣机，其上方还可以布置烤箱等器具

燃气灶和台盆上方要重点照明

从厨房到日式房间中间的位置可以做收纳柜以体现空间的连续性

※ LDK，指起居室（Living）、餐厅（Dining）、厨房（Kitchen）的一体空间。

表 | 厨房各区域的基本性能

区域	基本性能
地板	防水性、防污性、耐腐蚀性、易清扫性
墙壁	防水性、防污性、耐腐蚀性、防火性
天花板	防水性、防污性、耐腐蚀性、防火性
照明	台盆、灶台、操作空间需要重点照明
设备	电气、煤气、水管（给水排水）、HA※、电话、有线网络

※ HA，Home Automation，家庭智能控制系统。

077

餐厅
——就餐的空间

设计：KAZ设计事务所　照片提供：Nacasa & Partners

 要点　餐厅与厨房、客厅之间的关系变得越来越密切，其功能已不再局限于用餐
室内的平面规划要考虑到厨房与餐厅的关联

餐厅的位置布局

一般情况下，用餐空间会与厨房空间相连。在厨房中做好的饭菜，可直接送到餐厅。但1951年《日本公团住宅的标准原型51C型》的颁布，使餐厅首次被纳入厨房空间，人们逐渐习惯了吃饭时厨房也在视线范围之内的生活方式。不过，即便到了现在，正式场合下的餐厅还是有必要与厨房分开的。有的住宅甚至将客人餐厅与家人餐厅分开设计。正式场合的用餐空间，实际上也是社交和商务场所，在挑选装饰材料和家具上很讲究。

餐厅空间的多功能化

近来很多普通家庭的餐厅，也被当成家庭成员及友人之间进行交流的重要场所，赋予餐厅用餐以外的其他功能。诸如孩子可以在餐厅饭桌学习，主妇可以在餐厅记账，年轻夫妻偶尔还可以在餐厅浪漫小酌。因此，餐厅设计对美观性的要求更高了。另外，每个家庭成员早晚进餐时间、地方并不固定，有时候会在厨房一角的餐台旁吃上几口了事。最近很流行大进深的全平式台面，除了可以在上面烹饪料理之外，还能用作吧台吃早饭。

这样一来，餐厅空间的构成要素，就与厨房及起居室的关系更加密切了（图）。尤其是现在，LDK都被放置在同一空间，餐厅和厨房的分界也变得越来越模糊，也许应该重新对餐厅的功能进行定位了。

图 | 餐厅示例

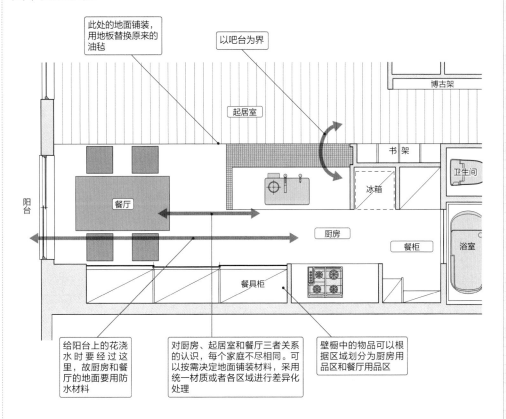

此处的地面铺装，用地板替换原来的油毡

以吧台为界

起居室

博古架

书架

卫生间

冰箱

浴室

阳台

餐厅

厨房

餐柜

餐具柜

给阳台上的花浇水时要经过这里，故厨房和餐厅的地面要用防水材料

对厨房、起居室和餐厅三者关系的认识，每个家庭不尽相同。可以按需决定地面铺装材料，采用统一材质或者各区域进行差异化处理

壁橱中的物品可以根据区域划分为厨房用品区和餐厅用品区

小贴士 Pick UP ! | 现场的各种小知识

再次思考餐桌存在的意义

近年来，在欧洲举办的各种厨房器具展示会上，不设餐桌的厨房布局逐渐增多。在这种布局中一定会设计吧台，以便日常就餐。越来越多的人喜欢在周末放松的状态下，窝在沙发上慢慢进餐。起居室、餐厅、厨房一体化的生活方式成为一种选择。

台面和餐桌一体化的厨房
设计：KAZ设计事务所　照片提供：山本MARIKO

078

起居空间

设计：KAZ设计事务所　照片提供：山本MARIKO

要点　要为家人在起居空间中创造共处的机会
通过预想各种生活场面谨慎地设计照明

起居空间的定位

日本的起居室没有太久远的历史。如果起居室被定义为"家人聚集的场所"，那么它就与传统的"茶间"很相似。但是从它还具有用餐与就寝的功能上来说，又与传统的"迎客间"很相似。而且现在的起居室空间，基本都会与厨房、餐厅融为一体（照片1）。

在起居室空间中，可以看电视、打游戏、聊天、喝茶等（照片2、照片3）。最近很流行"下午茶风格"，很多人会在起居室里用餐。起居空间的多数功能会与其他空间的某些功能重合，所以在做方案时需要进行梳理。如果平面功能不清晰，那么起居空间的使用率就会大大降低，重要的是通过设计为家人创造一个可以在此共处的机会（照片1、照片2）。

注意电视机和沙发的摆放位置

事实上，在起居室中最常见的行为是看电视（包含玩游戏和鉴赏电影）。因此，电视机的位置至关重要。如果看电视的视线与通过的动线交叉，那么长久下来家人彼此间很可能会逐渐产生厌烦感。因此，有必要根据起居室内的行为来确定地毯、沙发、茶几的大小、形状、位置，同时还要多留意小装饰品和摆件等的摆放布局。另外，照明设计也需要花费足够的心思（照片3）。

照片1 | 餐厅与起居室兼用

设计: KAZ设计事务所　照片提供: 山本MARIKO

照片2 | 休闲氛围的起居室

设计: KAZ设计事务所　照片提供: Nacasa & Partners

照片3 | 突显照明效果的无餐厅起居室

设计及照片提供: KAZ设计事务所

小贴士 Pick UP ● 现场的各种小知识

正规客厅、家庭起居室，或多个起居空间

与餐厅一样，起居空间也分为正规客厅和家庭起居室两种。若家里经常有客人造访，则需要好好考量。

若只将起居空间当作休憩场所，则不必单设一个固定的地方。在走廊过道、卧室角落、餐厅及厨房等阳光好的地方，摆上一把舒适的椅子和小桌子，看书、听音乐都非常享受。这种情况下，无需特意用墙或门作为隔断，心理上的隔离就可以让人静心凝神。

079

室外起居空间和室内露台

设计：MAZ设计事务所
照片提供：山本MARIKO

要点　灵活使用与起居空间相连通的外部空间
设置室内与室外的过渡空间

室内设计的延展，即室外起居空间

像起居室一样，与起居室相连的庭院或者露台等室外空间逐渐受到人们的青睐。人们期望在自己家就可以享受令人心情舒畅的室外环境。

使用开放型的起居室门窗系统，将部分室外空间做成露台。可以在这里摆放比萨炉、吊床、躺椅等，将其打造成可以长时间使用的舒适空间（照片1）。

若露台采用木制地面，则需要注意木材的防腐处理。树脂木材合成材料同样能表现出木材的质感，但要注意使用耐候性强的涂料、"液体玻璃"（照片2、照片3）等防水涂料。

若浴室或盥洗室与室外起居空间相邻，则可以轻松营造度假村氛围。设计时，需要注意遮挡周围视线。

室内露台，导入室内的外部空间

室内露台使你在家中就可以感受到户外氛围，并且不会受风雨的影响。在室内日照好的地方，可以用栅栏围合出一个空间。在这里可以养些植物、喝茶或者享受美食，也可以将其作为晾晒区，或者其他多种功能的区域（照片4）。

使用不同的材料装饰室内露台的地面、墙壁和天花板，可以营造出类似外部空间的氛围。大理石或者瓷砖地面可以带来冬暖夏凉的体验。

照片1 | 从起居室向外延展的室外起居空间

设计：KAZ设计事务所　照片提供：山本MARIKO

照片2 | 木板铺设的室外起居空间

设计：KAZ设计事务所　照片提供：山本MARIKO

照片3 |"液体玻璃"

Tatara防水瓷感系列产品被誉为"玻璃漆"，是采用特殊技术将陶瓷高分子渗透到木材深处的涂料。由于可以渗透到木材导管内，在起到防水、防尘效果的同时，还能保留木材丰富的纹理。防水涂料有室内用、室外用和油质漆等种类

照片由tatara-hanbai合同公司提供

照片4 | 公寓中的室内露台

设计：KAZ设计事务所　照片提供：山本MARIKO

080

盥洗室

设计：KAZ设计事务所　照片提供：山本MARIKO

要点　从功能空间（洗漱更衣室）转换为舒适空间（化妆间）
因为要满足使用者多种类的行为需求，所以需要进行充分的设计

可满足连续行为需求的空间

一般盥洗室被设计在浴室外面，以方便更换衣服，以及平时早上洗脸、刷牙。很多家庭会在盥洗室放置洗脸台以及洗衣机，把牙具、化妆品、毛巾、脏衣收纳筐等物品安置于此（图1、图2）。由于每天在这里滞留的时间极短，所以其功能高度集中。为了增加盥洗室使用的舒适感，也有业主选择安装桑拿房等，或在盥洗室设计用于短暂休息或拉伸运动的区域。盥洗室作为洗浴空间的前室，其舒适性和美感越来越被重视（照片1~照片3）。因此，在设计中要舍弃仅有功能性的地胶，选择瓷砖或大理石的地面和兼有烘干功能的毛巾晾晒架等设计感强的产品。浴室里的隔断采用玻璃等透明材质，会让整体空间更

显宽敞。另外，还要舍弃老式盥洗室中只有一个吸顶灯或筒灯的单调照明设计，秉承"按需照明"的照明设计理念，打造舒适、设计感强的空间。

洗衣机要放在哪里？

与欧美国家不同，大部分日本家庭每家只有一处盥洗室，一般洗衣机也会被放在这里。如果仅作为功能空间来考虑，那么这是最高效的选择。但是若要将盥洗空间设计得更为舒适美观，那么洗衣机的存在无疑会对其产生影响。如果选择进口的一体式洗衣机，那么可以用柜门遮挡的手法来减少其存在感。根据做家务时的动线规划，也可以将洗衣机设置在厨房，但需要注意脱水时产生的噪声。

图1 | 设有淋浴间的浴室

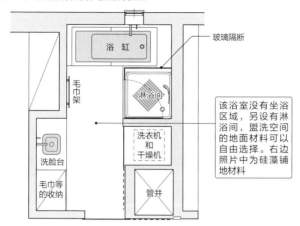

玻璃隔断

浴缸

淋浴间

毛巾架

洗衣机和干燥机

洗脸台

毛巾等的收纳

管井

该浴室没有坐浴区域，另设有淋浴间，盥洗空间的地面材料可以自由选择。右边照片中为硅藻铺地材料

设计：KAZ设计事务所　照片提供：Nacasa & Partners

图2 | 包含卫生间的盥洗室

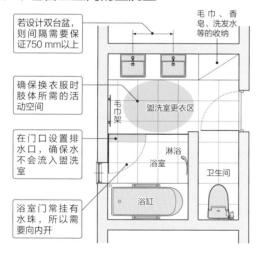

若设计双台盆，则间隔需要保证750 mm以上

毛巾、香皂、洗发水等的收纳

确保换衣服时肢体所需的活动空间

毛巾架

盥洗室更衣区

在门口设置排水口，确保水不会流入盥洗室

淋浴浴室

卫生间

浴室门常挂有水珠，所以需要向内开

浴缸

照片1 | 树脂砂浆质感的盥洗室

设计：KAZ设计事务所　照片提供：山本MARIKO

照片2 | 用透明玻璃隔开浴室和盥洗室

设计：KAZ设计事务所　照片提供：Nacasa & Partners

照片3 | 马赛克风格的盥洗室

设计：KAZ设计事务所　照片提供：山本MARIKO

081

浴室
——沐浴的空间

设计：MAZ设计事务所　照片提供：山本MARIKO

沐浴并非单一行为，还具有其他意义
根据情况使用传统浴室或整体浴室

思考沐浴的意义

沐浴是具有多重属性的行为，包括洗身体、洗头发、温暖身体、放松精神、舒展四肢等。作为可以舒缓一天疲劳的空间，人们对浴室越来越重视。浴室装修的重点是什么呢？浴缸大一些还是淋浴区域大一些？照明应该注意哪些要点？这些都必须认真考虑。

沐浴设备的款式不断翻新，当下比较流行带有按摩功能的浴缸和顶喷式花洒等。

传统浴室与整体浴室

根据不同的装修工法，浴室可以大致分为传统浴室（照片1~照片3）和整体浴室（照片4、照片5）两种。

防水是浴室装修的关键，传统工法可以在现场制作防水层。因此，空间的形状、面材、门窗等可以自由设计。反之，整体浴室的防水底盘需要在工厂压制，设计的自由度要小得多。还有一种被叫作"半组合型"（half unit）的产品，浴缸以下部分在工厂制作，以上部分可以现场加工，自由度相对高一些。

传统浴室整体的重量较大，对建筑物的结构会产生负担，而整体浴室的防水性更加出众。如果仅从技术层面考虑，公寓以及独栋住宅二层的浴室推荐用整体浴室。随着整体浴室品类的增加，用户有了更多的选择。但是由于受各种条件的制约，常有不尽如人意的情况发生。这时可以考虑增加一些成本，如定制防水底盘，这样浴缸、面材、门窗的选择也会更加自由，与传统工法浴室差别也不大。

照片1 | 使用铸铁搪瓷浴缸的岩洞风格传统工法浴室

设计及照片提供：KAZ设计事务所　　设计：KAZ设计事务所　照片提供：Nacasa & Partners

照片2 | 使用顶喷式花洒和铁板搪瓷浴缸的传统工法浴室

设计及照片提供：KAZ设计事务所　　设计：KAZ设计事务所　照片提供：山本MARIKO　　设计及照片提供：KAZ设计事务所

照片3 | 让盥洗室与浴室风格统一的传统工法浴室

采用传统工法时，材料和空间造型都可以自由选择，没有必要在同一个厂家采购花洒和浴缸

设计：KAZ设计事务所　照片提供：山本MARIKO　　　　设计：KAZ设计事务所　照片提供：山本MARIKO

照片4 | 定制整体浴室

通常，整体卫浴的形状不可改变，且需要依据厂家的配件进行选择。而定制整体浴室的形状与组件可以自由选择，其兼具整体卫浴的可信赖性和传统工法的自由度，多被用于酒店与公寓

设计：KAZ设计事务所　照片提供：山本MARIKO

照片5 | 整体浴室

设计：KAZ设计事务所　照片提供：山本MARIKO　　　照片提供：株式会社和光制作所

082

卫生间

设计：KAZ设计事务所
照片提供：垂见孔士

要点 须经常保持清洁状态
在确保最低限度功能的前提下自由构建

房屋内最小的空间

卫生间是住宅中最小的空间，我们每天在里面停留的时间也最短，因此不必对其舒适性提特别高的要求。不过，如果家里有一个不干净的卫生间，即使其他地方非常整洁，那么给人的整体印象也会大打折扣。餐饮店也是如此，无论其内部装饰多么豪华，如果卫生间设计得不好，哪怕烹制的菜肴再美味，食客也不会想再光顾。

在这很小的空间里，需要将坐便器、遥控装置、纸卷器、毛巾架、洗手盆、洗手盆台面、收纳空间、换气和照明设备等要素进行合理组合。

住宅与店铺卫生间的构建方式不同

一般来说，两者均须保持空间的清洁状态，因此都要选择不易附着污渍、易清理的面材。若是店铺卫生间，则要为女性顾客设置化妆台，因此要确保空间充足。此外，还需要用照明与熏香装置对空间进行点缀，并注意隔声和对视角度的问题。如果从座位上可以看到卫生间的便池，那么在观感上就是失败的设计（照片1、照片2）。

住宅中的客用卫生间装修，也要采用与店铺卫生间装修同样的思维方式，尽量提高其使用的舒适度和档次（图1）。而家人日常用的卫生间则需要设计简洁（图2）。具备最低限度的功能，确保声响和气味不会传到外面即可。以前的卫生间多为独立的空间，现在也会将卫生间设置在盥洗室中，全开放或用透明玻璃隔断，这让空间显得更加宽敞。

照片1 | 办公室卫生间和标识

设计：KAZ设计事务所　照片提供：山本MARIKO

照片2 | 优秀的卫生间照明设计案例

设计：KAZ设计事务所　照片提供：山本MARIKO

图1 | 客用卫生间的案例

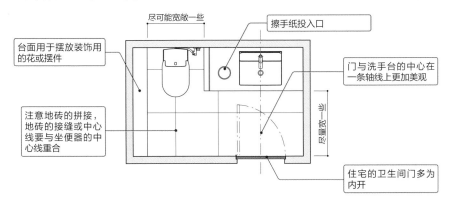

尽可能宽敞一些

擦手纸投入口

台面用于摆放装饰用的花或摆件

门与洗手台的中心在一条轴线上更加美观

注意地砖的拼接，地砖的接缝或中心线要与坐便器的中心线重合

尽量宽一些

住宅的卫生间门多为内开

图2 | 自用卫生间空间的基本尺寸

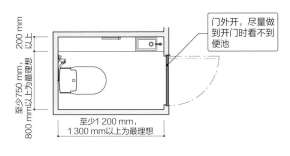

200 mm以上

至少750 mm，800 mm以上为最理想

至少1 200 mm，1 300 mm以上为最理想

门外开，尽量做到开门时看不到便池

设计：KAZ设计事务所
照片提供：山本MARIKO

083

卧室

设计：KAZ设计事务所　照片提供：Nacasa & Partners

要点 卧室并非只是用来睡觉的空间
设计前建议了解各种助眠行为

布置成舒适的睡眠空间

卧室是住宅内私密性最高的场所。假如卧室只用来睡觉，那么放置一张床即可。实际上，要想拥有高质量的睡眠，睡前的助眠行为很重要。如果这些行为发生在卧室，那么就会涉及其他要素。如果需要卸妆，那么就需要有梳妆台和卸妆操作空间，但为了不影响伴侣看电视等行为，就不可以将梳妆台摆放在床与电视机之间。

在卧室中，进行的助眠行为（为了能够快速进入睡眠状态而做的事情）甚至比睡眠本身还要重要，因此在设计过程中，需要配合各种助眠行为进行房间布置（图）。让卧室并不只是作为摆放床的空间（bedroom），而是为了得到高质量睡眠的空间（sleeping room）（照片）。

提高睡眠质量的方法

提到卧室，很多人还是简单地将其看成睡觉的地方。其实，卧室恰恰是值得认真设计的场所，特别是面材配色与照明设计。要避免在卧室使用让人兴奋的颜色，尽量采用吸声材料作为面材，将照明的色温、照度及亮度设置为有助于睡眠的状态，高质量的睡眠对于健康生活十分重要。

在公寓中，很多家庭都将与起居室相连的日式房间作为夫妻的卧室。为了收纳叠好的被褥，房间内一定要设置壁橱。个别极端的住宅还没有做到寝食分离，但这种赋予同一空间多种用途的使用手法，正是日本自古以来的家居理念。而且，日本人也非常擅长在狭小的空间中合理利用空间。

照片 | 卧室示例

床的硬度与高度设定需要根据个人喜好。想让人有像在酒店里一样的舒适感的话，有时需要垫两层床垫。另外，卧室的照明设计，要注意仰卧时，灯光不可直射眼睛

设计：KAZ设计事务所　照片提供：山本MARIKO

图 | 卧室示例

床头柜

为便于坐着时后靠，在未做表面处理的墙面贴上木制饰面板，便于擦拭。摆放闹钟和照片等物品的台面十分方便，下方亦可设置壁橱

多附设梳妆台，但配置上须注意避免灯光照射睡觉人的眼睛

放置正在看的书籍、眼镜等物品的台面。高度与床面相当，带抽屉更佳。近年来，智能手机充电装置成为必需品

床头

步入式收纳

床与墙壁有一定距离，以便于整理床品

窗帘的选择根据个人的喜好，通常采用不透光的类型。考虑到躺下时可能从缝隙看见外面的光，窗帘盒要稍稍深一些

不少人有睡前小酌的习惯。因此，可以放置一把舒适的软椅以及一张小桌。但不建议配冰箱，因为在安静的场所，冰箱的声音显得尤其大。若必须要冰箱则可以选择噪声相对小的变频冰箱

小贴士 Pick UP ｜ 现场的各种小知识

声响和亮度会影响睡眠质量

在僻静地方长大的人，初到大城市往往会因嘈杂的环境而失眠。反之，在喧闹的环境里长大的人，亦会因过于安静而难以入睡。亮度与睡眠质量的关系也跟个人习惯有关。夫妇两人同居一室的情况下，不得已只能通过戴耳机和眼罩等方法来协调，但要尽量避免这种情况。建议明确划分室内的区域，采用小范围照明或小型灯具来精准照明。

084

儿童房
——孩子们的领地

设计：KAE+KAZ设计事务所　照片提供：山本MARIKO

要点　儿童房的设计要适应孩子们不同的成长阶段
无须将所有行为因素都纳入房间中

他（她）不可能永远是孩子

儿童室的设计不仅要反映父母的想法，也应该顺应时代的潮流。"我小的时候"这种说辞对于现在的孩子来说是不适合的。那些紧跟时代潮流的电影和电视剧中的情节具有一定的参考价值，可以将自己的设计与之对照。当然，设计方案也可以融入一部分"家长的思维"。

儿童房设计最大的难题是，对于早晚要"离巢"起飞的孩子们，是否真的需要给他们单独准备一个房间？尽管存在赞同和反对两种意见，但采取将房子借给孩子的办法似乎更为合适。若基于这样的想法，则孩子房间内不需要过多物品，最好能随时进行改造。还有一些家庭认为，孩子不需要独立房间，给他一个自己的区域即可。当然，不同性别、年龄的孩子，需求也不尽相同，需要充分与业主沟通后再进行设计。

房间布置到何种程度

一般的房间布局，儿童房紧邻夫妻卧室。但为了培养孩子的自立能力，还是保持一些距离比较好。尽量将儿童房配置在家庭生活中"白天"与"夜晚"区域的交会处。

另外，不要把孩子的全部生活都放在儿童房内。房间内部有床、收纳柜、书架就好，学习空间可以安排在其他位置。在我以前设计过的一个案例中，在两个孩子和夫妻的卧室中间设计了一个学习室（图、照片）。从楼梯上去后的正面区域就是学习室，其作为家庭的"第二起居室"，起到了促进家庭成员交流与互动的作用。

与房间的面积、形状，以及是否需要做阁楼相比，创造密切的亲子关系更加重要。

图｜儿童房（两个孩子）的示例

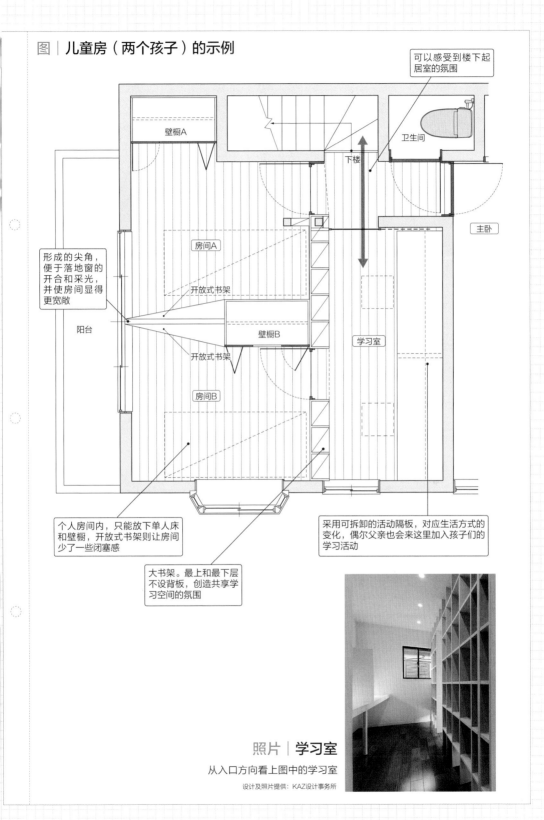

可以感受到楼下起居室的氛围

壁橱A

下楼

卫生间

主卧

形成的尖角，便于落地窗的开合和采光，并使房间显得更宽敞

阳台

房间A

开放式书架

壁橱B

开放式书架

房间B

学习室

个人房间内，只能放下单人床和壁橱，开放式书架则让房间少了一些闭塞感

采用可拆卸的活动隔板，对应生活方式的变化，偶尔父亲也会来这里加入孩子们的学习活动

大书架。最上和最下层不设背板，创造共享学习空间的氛围

照片｜学习室

从入口方向看上图中的学习室

设计及照片提供：KAZ设计事务所

085

日式房间

设计：KAZ设计事务所　照片提供：山本MARIKO

要点　讨论设置日式房间的必要性
设计不可忽略水平视线

对于榻榻米的憧憬

1945年后，日本人在居室内才正式把榻榻米上的生活转变成椅子上的生活。

在日常生活中，与盘腿坐相比，坐在椅子上对身体的负担要小一些。是否可以说，基本没有建造日式房间的必要了呢？其实不然，很多人依然有需求。在日本人的思维里，日式房间是传统的日本住宅形式，蕴含了日本的独特文化（图1）。但现实中真正将日式房间充分利用的家庭并不多见。

座椅和榻榻米最大的不同在于坐姿。如果在公寓中餐厅旁边设一间日式房间，700 mm高的桌椅产生的视线高差，对于坐在榻榻米上的人来说，会感到压迫感，会导致家人间的沟通和交流不畅。如何消除这一视线高差，需要设计师细心研究和探讨（照片1~照片4）。

让日式房间融入现代生活

如果房间面积充裕，那么可以将榻榻米设置在远离桌椅的位置即可。但是如果面积有限，又要解决视线高差的问题，则将榻榻米抬高至椅子的座面高度（400 mm左右）也不失为一种解决办法（图2），还可以增加榻榻米下面的箱体收纳空间。因为是直接坐在榻榻米上，所以即使缩小了与天花板之间的距离，也不会让人感觉太过压抑。同时，拉门和置物架也可以根据视线调整高度。将榻榻米整体抬高400 mm左右之后，家庭成员之间的交流也会因为视线高度一致而变得更加自然。

另外，古代日式房间中的物品少得让人难以置信。但是在现代生活中，很难将物品减少到那种程度。所以，下定决心舍弃一些物品，或者进行系统的收纳设计，成为日式房间设计的关键点。

图1 | 榻榻米铺设方式

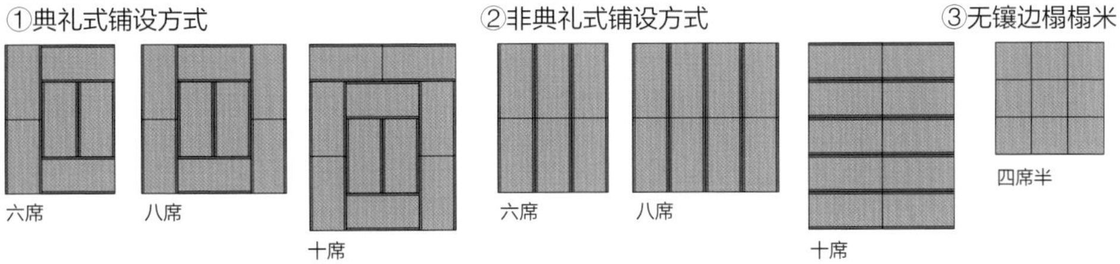
①典礼式铺设方式
六席
八席
十席
②非典礼式铺设方式
六席
八席
十席
③无镶边榻榻米
四席半

照片1 | 起居室与日式房间的边界

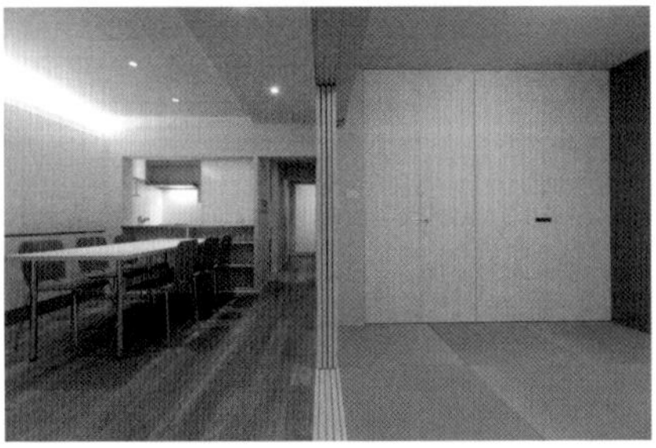

设计：KAZ设计事务所　照片提供：山本MARIKO

照片2 | 从起居室看日式房间

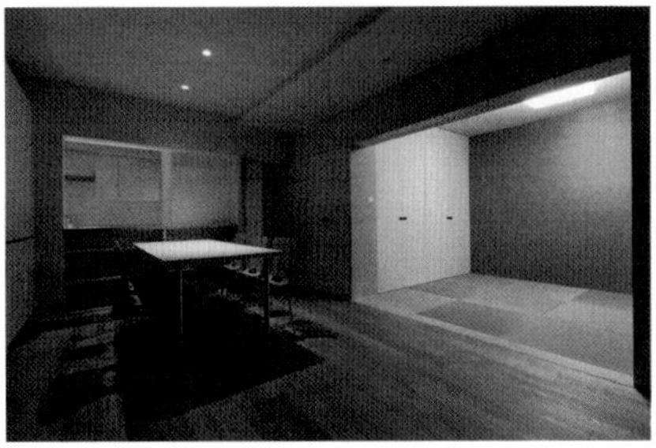

设计：KAZ设计事务所　照片提供：山本MARIKO

照片3 | 分开起居室与日式房间的门

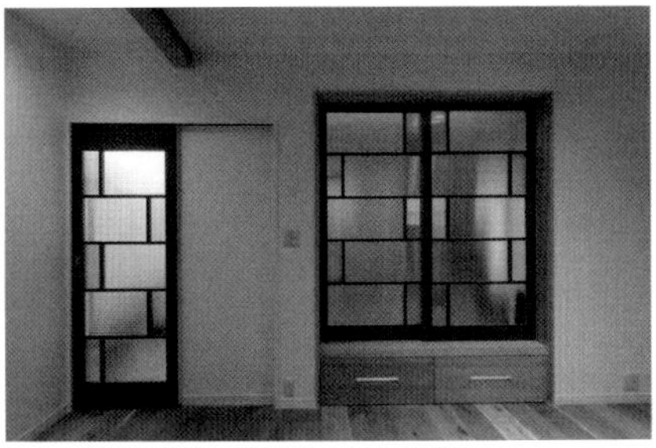

设计：KAZ设计事务所　照片提供：山本MARIKO

照片4 | 体现屋顶构造的日式房间

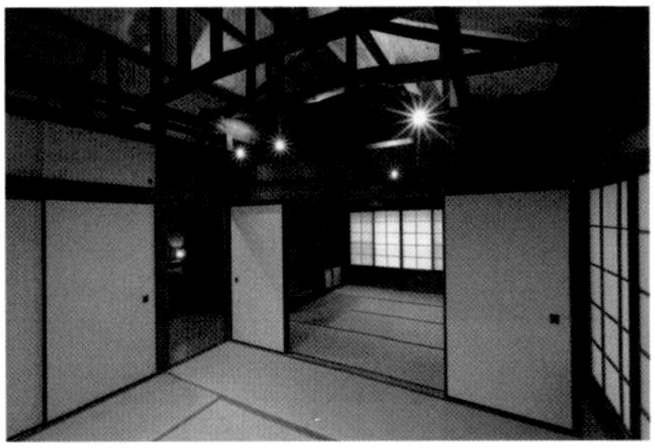

设计：KAZ设计事务所　照片提供：山本MARIKO

图2 | 将座椅自然地纳入日式房间

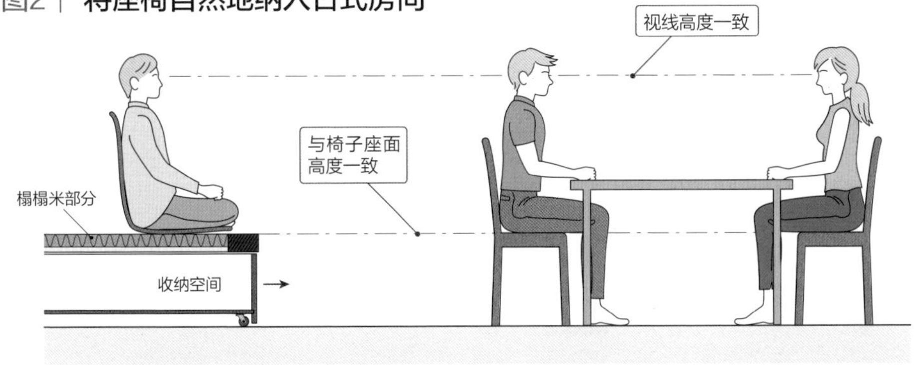
视线高度一致
与椅子座面
高度一致
榻榻米部分
收纳空间

086

书房、工作空间

设计：KAZ设计事务所
照片提供：Nacasa & Partners

要点 明确使用目的，重新审视必要物品
因居家办公而需要在家中设置工作空间的情况越来越多

为兴趣爱好而打造的空间

书房一般指以写作为生的人的工作空间。除此之外的人，会用它来读书、欣赏音乐、品酒、把玩模型，可以说是兴趣爱好的房间（图1）。

如果没有写作需求，那么桌子、椅子、书柜等物品对于书房来说其实并非必需品。如果仅是读书的话，那么摆上勒·柯布西耶设计的躺椅（LC4），再配上可放饮品的艾琳·格雷茶几（E-1027）即可。很多人不仅会每天更新博客，还会使用各种便捷的软件进行影像和音乐的编辑工作，因此，书房也需要一定的隔声性能。

装饰居家办公的背景

工作方式在不断变革，有些人不用每天出勤去公司，居家办公即可。现在已经有越来越多的人有了在家里设置工作空间的需求（图2、照片1）。不仅需要摆放资料和电脑，而且夫妻两人还可能需要各自独立的办公空间或兴趣空间（照片2）。频繁的在线会议、专职自媒体人的兴起，都让居家拍摄、剪辑、上传等成为办公基本需求。

因此，视频画面的美感就十分重要了。拍摄时尽可能不让画面中出现太多杂乱的场景，不仅要做到画面清晰，而且墙上的装饰、绿植等室内陈设都需要进行精心布置。

图 1 | 书房示例

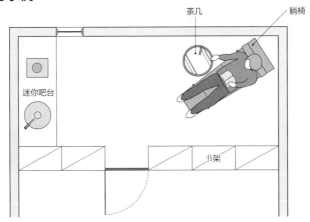

茶几

躺椅

迷你吧台

书架

图 2 | 隐藏式电脑桌（起居室）示例

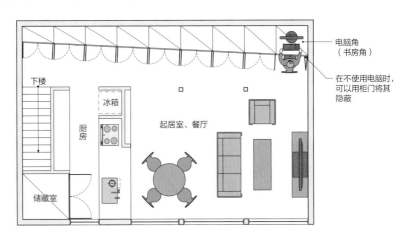

下楼

冰箱

厨房

储藏室

起居室、餐厅

电脑角
（书房角）

在不使用电脑时，
可以用柜门将其
隐蔽

照片1 | 在起居室一角设置的工作空间

设计：KAZ设计事务所

照片2 | 兴趣空间

设计：KAZ设计事务所　照片提供：山本MARIKO

087

收纳设计

设计及照片提供：KAZ设计事务所

要点 根据物品类型选择适当的收纳方式
注意装饰型收纳与隐藏型收纳两种方式的平衡

分类收纳

收纳设计是重构"物"与"人"之间关系的工作。

首先，按照统一标准对物品进行分类。通常，将物品收纳在需要使用的位置附近，便于拿取（照片1）。此时，一定要注意收纳空间的进深。如果收纳的物品在前后摆放时不太方便取用，那么最里面的物品可能会一直被忽略。若收纳空间的进深不合理，则外观会非常难看。其次，收纳空间的高度和宽度也要按照内部收纳物品的尺寸制作，若没有合理的设计，则整个空间会凌乱不堪。但是，如果取最大值进行设计，那么柜门就会特别大，也会产生使用上的不便。宽幅门板若按照等间距分割，则会使空间显得单调且生硬。

最后，使用频率很低的物品和非当季物品可以收纳在储物间内。如果高度未超过指定标准，且不考虑容积率的情况下，那么可以制作阁楼型的储物间。即使是公寓中，只要在空间构成上下一些工夫，设置收纳空间也不是不可能。

装饰型收纳

将所有收纳空间都用柜门遮盖，的确看上去很整洁，但是会给人一种不可亲近的疏离感，缺少了生活的烟火气。打造一些不需要时时刻刻整理的角落，也可以成为一种展示自我装饰品位的方法（照片2）。在购买小摆件等物品时，不妨想想：对于空间是否具有装饰性？

照片1 | 分类收纳示例

设计：今永环境规划、KAZ设计事务所　照片提供：Nacasa & Partners

①窗户兼照明　②多媒体器材　③音箱
④影音设备　⑤遥控器　⑥图书　⑦空调
⑧其他
在此例中，根据收纳物品的尺寸，设定了
柜门和抽屉的大小

即使只有几厘米的进
深，也可以设计成装
饰型收纳，给空间增
加趣味性

照片2 | 装饰型收纳示例

设计及照片提供：KAZ设计事务所

088

步入式衣帽间

设计：KAZ设计事务所
照片提供：Nacasa & Partners

要点 对步入式衣帽间的位置和尺寸要仔细斟酌
轮换存放夏用物品和冬用物品的方法很重要

需要多大的衣帽间

很多人都想拥有步入式衣帽间，能够方便地存放衣物，是难得的收纳空间（图1、照片）。如此一来，就必须确保人可以进入，且能在其中进行收纳，还需要兼顾步入式衣帽间与其他部分的平衡感。在做初期规划的时候，最好确认业主正在使用的柜子是否需要放入其中，虽不常见，但是有些家庭希望保留原有的五斗橱等柜子。

遵照以上思路，再对衣物的数量进行统计。长、短衣物要分开挂在适当的挂杆上。放入抽屉内的物品也要进行分类统计。那么，如何存放夏天与冬天的衣物呢？当面积足够时，可以分区域存放，但当面积不足时，就需要考虑分批交替存

放。根据笔者经验，可以采用前后交替的方式存放（图2）。在换季的时候，只要将前后衣物的位置调换即可，不需要预留多余的动线和作业空间。但可能这样就没法再称其为步入式衣帽间了。

只要可以满足承重，就选用可调节式的挂杆。因为每件上衣的长短不同，而且冬天还会增加风衣、外套等。

设置在何处

一般情况下，多从卧室直接进入衣帽间。尽量距离入口近，但要注意衣帽间的门不要与入口门产生冲突。考虑到晨间生活习惯，还可以将衣帽间设置在卧室和盥洗室或洗脸台之间。此外，也能见到那种由走廊通向衣帽间的布置。

图1 | 步入式衣帽间示例

①一般案例

取决于管材的强度

人通行所需尺寸

取决于衣物宽度

使用直径25~32 mm的圆管或椭圆管

用于挂大衣的区域设一根横管，其他区域设上下两根横管

在几个不同的位置设置抽屉

600 710 600

857.5

②少动线部分的示例

折角部分拿取不便

动线部分降为最低限度

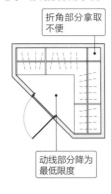

③具有洗衣功能的示例

放置叠好衣物的横搁板

625 900 625

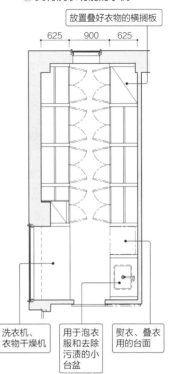

洗衣机、衣物干燥机

用于泡衣服和去除污渍的小台盆

熨衣、叠衣用的台面

图2 | 前后排列的衣柜的例子

按前后季节分开

320 320 620 320

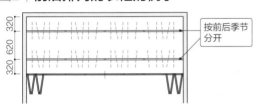

照片 | 其他国家的步入式衣帽间示例

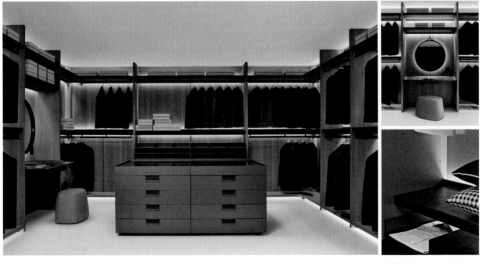

日本的衣帽间偏向简洁、低成本，但是每当参加国外的展示会时，经常能够看到好像时装店一样的衣帽间，仿佛电影里的场景一般

照片提供：B&B Italia

089

老年人的房间

设计：KAZ设计事务所
照片提供：山本MARIKO

要点 了解老年人的身体特征
不仅要注意台阶，还要设法消除各种障碍

仅是无障碍就够了么？

最近，虽然关于"无障碍"的呼声很高，但也要先从了解构成"障碍"的原因入手。总体上看，老年人的身体机能衰退，这是构成障碍、导致行动不便的主要原因。不仅是台阶，老年人对色彩和照明的反应也不那么灵敏了。人的眼球是靠肌肉调节视网膜焦点和瞳孔大小的。老年人因年老而肌肉退化，校正眼球焦点、习惯明暗环境都需要更长的时间。在不应有的地方出现微妙的台阶是最危险的情况。也有人认为，如果台阶的级差能像楼梯那样高，反倒更安全。当然，尽管都是老年人，也存在个体差异，所以需要针对个人的具体情况进行设计（图1）。

消除各种障碍

（1）色彩设计：人上了年纪，便很难识别色彩浓淡的微小差别。颜色较深时，

这一点表现得更加明显。因此，在需要引起注意的场所，配色要具有明显的反差，避免让眼睛疲劳。

（2）照明设计：随着年龄的增长，适应亮度变化所需要的时间也越来越长。因此，应尽可能避免明暗反差过大。所需照度可以根据年龄和工作内容，适当调节为年轻人所需照度的2~3倍。相反，老年人对眩光十分敏感，应考虑采用光源不外露的照明灯具和照明系统来提供所需的照度。

（3）关于轮椅：对于移动轮椅来说，自然需要将台阶改为坡道，但是坡度不能太陡，以1/12作为上限，1/15~1/18为最佳。另外，轮椅的回转半径也需要事先进行模拟（图2）。最近，又出现了一种在面积狭小的室内也可以使用的轮椅。在扶手和家具配置方面，也应当尽量方便舒适。

图1 | 对高差的处理

利用照明或者改变台阶的颜色，使之易于分辨

图2 | 便于轮椅通行

① 坡道

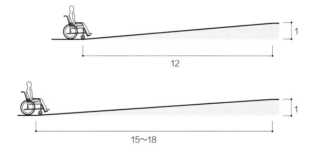

12

1

15～18

1

② 转弯半径（自走式）

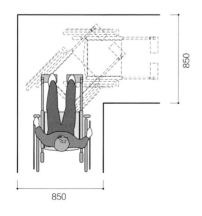

850

850

090

家庭影音室

设计：KAZ设计事务所　照片提供：山本MARIKO

要点 现在已经是在线欣赏音乐和影像的时代了
装修中要注意影音室漏声的情况

需要对器材类的布线进行严谨地规划

现在，影音作品都可以在线观看，使用蓝牙音箱收听成为主流，电视机也连上了网线。4K或8K的高清画质已是司空见惯，由于数据量变大，通信速度也需要得到保证。越来越多的家庭选择不安装电视机，而是改用高品质投影仪。虽然投影光源和LED显示屏的技术已经取得了很大的进步，但还是要注意房间内光源亮度的配置。

事先的线路规划是室内设计的重中之重。如果使用投影技术，那么投影仪和幕布的位置关系要准确。超短焦型投影仪（照片3）可以解决过度占用空间的问题。

与影像效果同样重要的是音响效果，从之前的5.1声道环绕立体声到现在的6.1声道和7.1声道（图1），无一不是在追求更真实的临场感。只有合理配置音箱的位置，才能获得更佳的听觉感受。此外，通过放在电视机下方的条形音响（sound bar）（照片1），也可以轻松获得环绕音效。现在使用Wi-Fi和蓝牙连接的音箱（照片2）也逐渐增多，省去了很多布线的苦恼。

隔声手法

若有大音量输出，则隔声方案必不可少。除了要保证内饰材料的隔声性能，门窗的漏声问题也要处理。窗户可以使用双层窗、真空双层玻璃、厚窗帘等。门下则可以采用自动密闭装置等，尽量做到没有缝隙（图2）。

图1 | 声音系统中理想的音箱设置

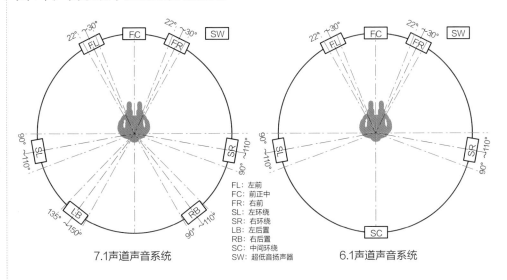

FL: 左前
FC: 前正中
FR: 右前
SL: 左环绕
SR: 右环绕
LB: 左后置
RB: 右后置
SC: 中间环绕
SW: 超低音扬声器

7.1声道声音系统　　　　　　　6.1声道声音系统

照片1 | 条状音箱

照片提供: 博士音响　产品名称: Bose Smart Soundbar 300

照片2 | 蓝牙便携音箱

照片提供: Bang & Olufsen 音响
产品名称: Beosound A1 第二代

照片提供: 博士音响
产品名称: SoundLink Revolve+ Ⅱ
蓝牙音响

照片3 | 超短焦4K高动态范围成像
（HDR）投影仪

照片提供: 索尼株式会社

图2 | 平开门气密装置

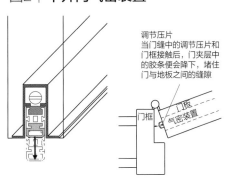

调节压片
当门缝中的调节压片和
门框接触后，门夹层中
的胶条便会降下，堵住
门与地板之间的缝隙

门板
门框
气密装置

091

住宅和店铺

设计：KAZ设计事务所　照片提供：山本MARIKO

要点　将店铺营造出剧场的氛围
仔细规划动线，尽可能听取店内员工的意见

店铺设计需要具象化

　　住宅与店铺在设计上最大的不同点在于到访的人员。住宅里的人可以预想到，而店铺的来访人员只能初步推测，实际上大部分还是店员与非特定且多数的客人。店铺需要通过各种设计手法来引导客人的行动和心理。

　　关于时间的考虑也是一样。住宅需要随着家庭成员的年龄变化而做长周期的规划设计，而店铺则根据业态做相对于住宅来说较短的计划。特别是零售店铺，这种倾向更加明显。店铺需要非日常性的剧场氛围，即使是想打造像家一样舒适的咖啡店，也不可以完全按照装修住宅的思路设计（照片1~照片4）。

　　对于客人停留处等设计，最好每个细节都提前考虑清楚。另外，使用的材料也完全取决于设计的方向性。以天然环境为营销点的咖啡店却使用满是金属的内饰显然是不合时宜的。此外，打造差异化也是设计的关键词。

关注人的动作

　　动线规划需要周密的考量。在实施设计前细致地模拟客人和店员的动线十分必要。虽然店面的设计无法直接左右店的生意是否兴隆，但是动线的合理与否确实可以体现在销售额上。尽量不要由设计师单方面判断，最好与在这里工作的员工深入沟通后再决定。

　　此外，气味和音乐也是设计的重要元素，同样需要统筹考虑。营造非日常性的氛围与住宅装饰完全不同。装饰用的平面设计也很重要，如果室内设计师和平面设计师的理念不一致，不光会让客人产生违和感，就连员工和店铺的整体氛围都会变得怪异。

照片1 | 使用杉木吧台的会所

设计：KAZ设计事务所　照片提供：山本MARIKO

设计：KAZ设计事务所　照片提供：山本MARIKO

照片2 | 由历史建筑改造而成的咖啡店

设计：KAZ设计事务所　照片提供：山本MARIKO

照片3 | 使用古董门装饰的美容室

设计：KAZ设计事务所　照片提供：山本MARIKO

照片4 | 店铺招牌设计案例

不同于综合商业建筑，在临街店铺的设计上，招牌的设计必须和店面的风格、内部装修保持一致

设计及照片提供：KAZ设计事务所

设计：KAZ设计事务所　照片提供：山本MARIKO

092

购物店

设计及照片提供：KAZ设计事务所

要点 购物店的设计取决于商品的陈列方式
理解展示的意义及其重要性

展柜的设计

购物店设计的重点是动线规划和美陈设计。应在便于看到商品的高度，按照易于分辨的顺序做高效配置。因此，展柜进深的大小应与商品的外形尺寸相符。某些商品需要单独照明，但灯光散发的热量有可能灼损商品，故不宜使用卤素灯泡。过去荧光灯一直被用来作为主要照明灯具，随着LED灯的品类增加和价格走低，今后将会更多地采用LED灯作为光源。与荧光灯相比，LED灯具更为小巧，单个装置尺寸适中，形状的自由度较高，在陈列展示时更为灵活（图、照片）。

虽说美陈设计可以决定店铺的基础氛围，但商品依然是主角，美陈只是为了展示商品而打造的背景。位于店铺中央的展柜最好是可移动的（图）。在布局上稍加改变，就能够为客人带来新鲜感。固定在墙体上的展柜可以根据高度进行角度的调节。越临近地面的柜体，越适合做储物用的收纳柜，例如抽屉和轮车。

展陈设计

虽然商家希望陈列的商品越多越好，但必须预留足够的通道宽度。假如因顾客停下来挑选商品而导致他人无法通行的话，将会直接影响销售额。

展陈，在购物店中也占有特别重要的地位。设计应该起到吸引客人来店的作用。这一点，对于时装店来说效果尤其明显。理想的展示，不仅限于橱窗，要延伸至店内，而且店员的穿搭也是展陈的一部分。

图 | 可移动式陈列柜示例

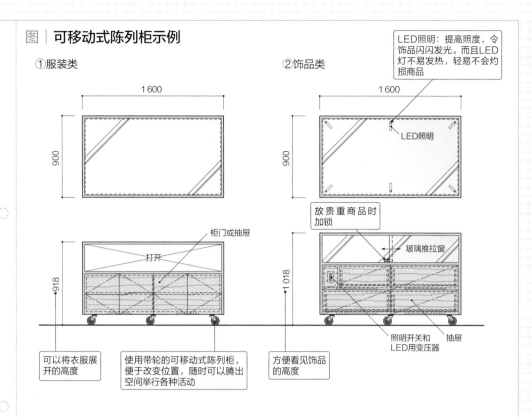

①服装类

②饰品类

LED照明：提高照度，令饰品闪闪发光。而且LED灯不易发热，轻易不会灼损商品

1 600

900

1 600

900

LED照明

918

柜门或抽屉

打开

1 018

放贵重商品时加锁

玻璃推拉窗

照明开关和LED用变压器

抽屉

可以将衣服展开的高度

使用带轮的可移动式陈列柜，便于改变位置，随时可以腾出空间举行各种活动

方便看见饰品的高度

照片 | 红酒店的陈列柜

设计：KAZ设计事务所　照片提供：山本MARIKO

093

设计：KAZ设计事务所 照片提供：山本MARIKO

餐饮店

要点　掌握餐位数，规划出利用率最高的布局
　　　对客人、店员和菜品各自的路径有所了解

餐位布局

餐饮店的座位数量与销售额有直接关系。作为餐饮店的经营者，都希望能在自己租赁的房屋中尽量多设一些餐位，因此，如何规划出利用率最高的布局至关重要（图）。不过，餐位的增加也必将需要更多的店员。如何把握这一点需要与经营者充分沟通。

在设4人餐桌的情况下，如采用可被分割成两半的形式，利用率会更高。无论顾客是一位还是两位，都可以将其引至这样的餐桌前。如果下一拨客人是4位，原本分开的餐桌又可重新被拼成4人位，利用起来很灵活。当然，同一餐席客人彼此间的距离也十分重要，尽管说越宽敞越好，但为了确保整体餐位的数量，也不能间隔太大。

必须将厨房单独隔离开来，避免客人进入其中。虽然可以让客人看看烹饪的情景，但厨房产生的热气、油烟、气味、声响对客人的刺激也不可小觑。如果以轻松的氛围来演绎餐厅，那么厨房的部分声响也可以理解为一种背景音乐。如果是营造庄重的氛围，那么厨房要尽量做到完全分离，不可有声音漏出。如此一来，店员的举止自然也要符合店内的氛围。

客人动线与店员动线

客人动线为从入口至餐席，以及餐席至卫生间（化妆室）；店员的动线则是大厅、厨房、吧台等之间的连线。在整个动线规划中，两者最好不要重合。卫生间往往因为管线被限定了位置，所以如厕动线会决定店内的格局。哪怕一点点的疏忽，都可能导致客人不再光顾。另外，洁净的餐饮环境比什么都重要，在设计上应该选择便于清扫和易于清洁的面材。

图 | 餐饮店示例（S=1:80）

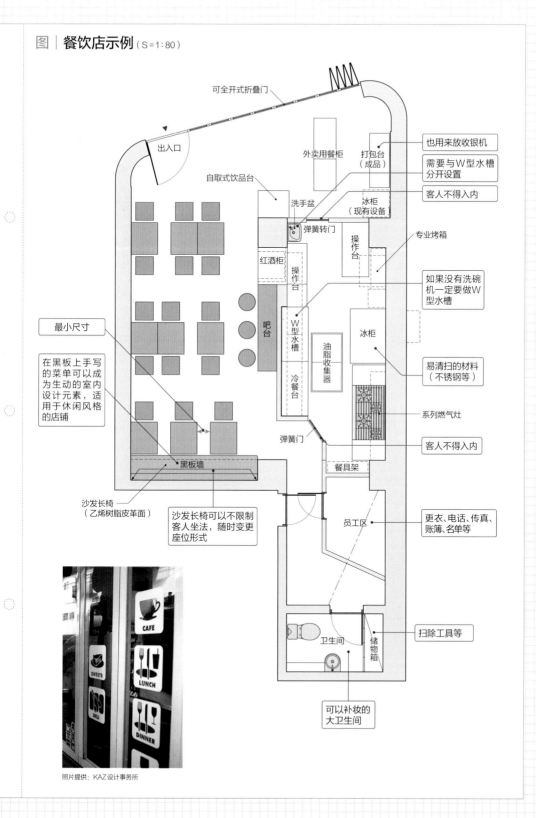

可全开式折叠门

出入口

外卖用餐柜

打包台
（成品）

也用来放收银机

需要与W型水槽
分开设置

客人不得入内

自取式饮品台

洗手盆

弹簧转门

冰柜
（现有设备）

专业烤箱

红酒柜

操作台

操作台

如果没有洗碗
机一定要做W
型水槽

最小尺寸

吧台

W型水槽

冰柜

在黑板上手写
的菜单可以成
为生动的室内
设计元素，适
用于休闲风格
的店铺

油脂收集器

易清扫的材料
（不锈钢等）

冷餐台

系列燃气灶

弹簧门

客人不得入内

黑板墙

餐具架

沙发长椅
（乙烯树脂皮革面）

沙发长椅可以不限制
客人坐法，随时变更
座位形式

员工区

更衣、电话、传真、
账簿、名单等

卫生间

储物箱

扫除工具等

可以补妆的
大卫生间

照片提供：KAZ设计事务所

094

美发店设计

设计：KAZ设计事务所　照片提供：山本MARIKO

要点

每个区域的面积要满足各种活动的需要
准确设定照度值，并需注意色温和亮度

各功能区的划分与联系

店铺的设计，要根据不同业态改变设计手法。在此我们以美发店为例（图）。

一般来说，美发店大致被划分为5个区域，即理发区、洗发区、染发或烫发的等待区、排号等候区和员工区。员工区内设有开水间，有的还包括休息空间、调制染发剂空间、接待兼结账空间，以及卫生间等。要使以上功能都以单间的形式存在，现实中很难实现。但要将诸多功能汇聚在几个空间中，必须认真征求店主的意见。理发区通常供美发师及其助理工作，必须先确认他们的动作空间和动线，再结合客人的动线，进行整体规划。对于洗发区，还要考虑到给水排水的通畅和防止溅水等问题。此外，地面铺装材料要易于清扫，且不易附着剪落的毛发。

镜子是设计的重点

镜子是美发店设计的重中之重。可以说，它对整体效果起着决定性作用。照明设计，则需要准确计算照度值。并且应该考虑到色温，建议色温尽量贴近自然光。因为很多客人来到这里，不仅理发，还要染发、化妆，色彩的准确性尤为重要。可白天使用荧光灯，晚上使用LED灯。此外还要考虑亮度，剪发时，耀眼的灯光会使面部表情紧张。最近，美发店大都增设了美甲护理、按摩等服务项目，因此，在空间布置和设备的选择上，也要考虑到这一点。

图 | 美发店示例

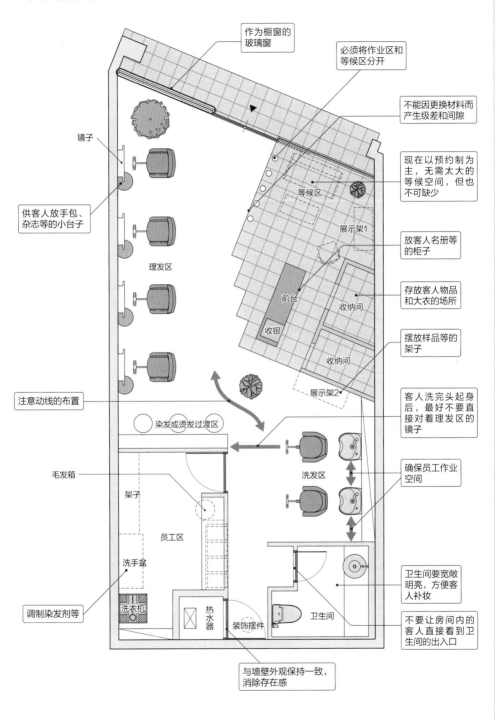

- 作为橱窗的玻璃窗
- 必须将作业区和等候区分开
- 不能因更换材料而产生级差和间隙
- 镜子
- 供客人放手包、杂志等的小台子
- 现在以预约制为主，无需太大的等候空间，但也不可缺少
- 等候区
- 展示架1
- 放客人名册等的柜子
- 理发区
- 前台
- 收纳间
- 存放客人物品和大衣的场所
- 收银
- 摆放样品等的架子
- 收纳间
- 展示架2
- 客人洗完头起身后，最好不要直接对着理发区的镜子
- 注意动线的布置
- 染发或烫发过渡区
- 毛发箱
- 架子
- 洗发区
- 确保员工作业空间
- 员工区
- 卫生间要宽敞明亮，方便客人补妆
- 洗手盆
- 调制染发剂等
- 洗衣机
- 热水器
- 装饰摆件
- 卫生间
- 不要让房间内的客人直接看到卫生间的出入口
- 与墙壁外观保持一致，消除存在感

095

办公空间

设计：KAZ设计事务所　照片提供：山本MARIKO

要点　设计符合行业形态的办公空间
采光照明是办公空间的重点

共享办公空间

30年前就提倡过的非固定工位的办公空间如今逐渐流行。在这种情况下，远程办公、电话会议等工作形态要求稳定和安全的网络环境。

每人配备一台笔记本电脑，只要办公桌旁有电源和网络接口，就可以实现在不同地方办公。虽然无线网已经普及，但从通信安全和稳定性的角度来讲，有线网络接口会更好。在一些行业中，传真已经过时，智能手机让工作效率变得更高。

办公空间的设计需要更加重视工作环境的营造，并且要符合各种行业的不同需求。比如有的行业需要大家集思广益讨论问题，有的行业则需要一个人集中精力工作（照片）。

色温是办公空间照明设计的重点

我们在第5章时也讨论过，在普遍使用LED灯照明的今天，色温是照明设计的重中之重。在大部分职场或者学校等需要高强度脑力工作的地方，一般会使用高色温光源，而在今后的工作环境中要适当使用低色温光源。不仅是照明设计，材料的选择也需要考虑多样化的工作风格。近年来，在办公空间设置短时间休息场所的情况越来越多，比如吧台，不仅可以用作员工放松的空间，也可以用作业务洽谈的场所。

照片 | 各种办公空间

由仓库改造的办公空间

设计：KAZ设计事务所　照片提供：山本MARIKO

利用杉木胶合板和多种色彩营造的休息室

设计及照片提供：KAZ设计事务所

仓库内搭建的办公室

设计：KAZ设计事务所　照片提供：山本MARIKO

共享办公空间的照明设计

设计：KAZ设计事务所　照片提供：山本MARIKO

共享办公空间

设计：KAZ设计事务所　照片提供：山本MARIKO

使用防腐木地板的办公空间

设计：KAZ设计事务所　照片提供：山本MARIKO

小贴士
Pick UP ●

现场的各种小知识

空置办公室

虽然一些新建车站的周边以及有些市中心主要车站的周边都进行了大规模的开发，但依然有越来越多的人选择居家办公。据相关人士推测，现有的办公空间可能会发生大量空置，之后或许会推进将办公空间改造成住宅或者酒店的项目。

096

展厅和展台的设计

设计：KAZ设计事务所　照片提供：山本MARIKO

要点 严格遵守品牌的规定，展台设计采用变形的方式

遵守品牌理念

展厅的主角是商品。与商店不同，展厅通常都只展示一个品牌，并且以展示说明为主要目的。要明确品牌方的要求。除了商标的使用规则，很多品牌还对色彩的组合、材料的选择和留白的设计有详细的规定。设计时需要遵守这些规定，保持品牌形象，秉持空间整体就是一个商品的理念进行设计。如果是厨房家电，还需要展示使用方法，那么需要结合展厅的运营方式进行设计（照片）。

非日常的小空间

一般展会的展台是2m×2m或者3m×3m的小空间。通常只展示2～4天，有事先规定好的搬入、搭建、拆除和搬出的时间。由于所有展台都在同一时间段进行同样的操作，且设计的重点是展台的搭建方法和施工，所以通常由专业公司进行布展。

和日常的空间不同，展台的设计通常使用变形的方式来表现（照片）。另外还需要注意的是，展台的设计以1m为单位。

展示会场与住宅或商店不同，地面的平整度不太好。另外也不可以随意敷设电气和给水排水的线路，所以事先需要与展厅业主进行确认。

照片 | 各种展厅和展台

进口厨房家电的展厅

设计：KAZ设计事务所　照片提供：松浦文正

嵌入式设备的施工与技术展示

设计：KAZ设计事务所　照片提供：松浦文正

带有厨房的中型活动空间

设计：KAZ设计事务所　照片提供：山本MARIKO

展厅中设置的厨房展示区

设计：KAZ设计事务所　照片提供：厨房学院

展会整体的会场构成

设计：KAZ设计事务所　照片提供：山本MARIKO

展会中的展台设计 1

设计：KAZ设计事务所　照片提供：山本MARIKO

展会中的展台设计 2

设计：KAZ设计事务所　照片提供：山本MARIKO

097

室内改造与翻新

设计：KAZ设计事务所　照片提供：Nacasa & Partners

 要点 根据室内改造的目的，了解市场趋势
时代推动室内装修市场的发展

室内改造的理由

住宅的室内改造项目既包含更换壁纸之类的小规模施工，也包括伴随改扩建而实施的大规模工程（图）。至于做室内改造的目的，则可分为两种：一种是因房屋过于陈旧，需要改善老化和破损的现状；另一种是因时间过久，建筑物出现了质量问题，需要通过适时维修来延长使用寿命。

另外，随着家庭成员的变化及年龄的增长，生活方式会出现相应的改变。很多家庭会出于对孩子成长的考虑而进行室内改造。如果在生活方式、年龄或体型都发生变化的情况下，继续忍耐现有的居住环境，那么居住者的压力会越来越大，不仅是身体，甚至精神上都会承担过多的负担。新建的住宅，如果设计上已经考虑到生命周期问题，那么简单的施工就可以满足住户的需求。至于在售的商品房和已建

好的独栋住宅，则未必考虑得如此周全。最近，关于居所的价值观念也在悄然发生着变化。像距离车站近、生活方便的二手房吸引了越来越多的年轻人群购买。

住宅生命周期成本

住宅从新建到消亡，所需要花费的成本被称为"住宅生命周期成本"（LCC），指在新建住宅成本的基础上所追加的日常维护、修缮、改造，直至房屋被拆除的总金额。近来，在建筑规划时考虑更多的是让主体结构拥有较长的寿命，之后可以在不破坏主体结构的情况下，仅通过室内改造来应对生活形态的变化和基础设施的老化，从而降低住宅生命周期成本，并有利于保护环境。

此外，受相关电视节目及长期经济不景气等因素的影响，很多人都将室内改造的计划延期安排。

图 | 改变户型的室内装修示例

①改造前　②改造后

改造前　设计：KAZ设计事务所

改造后　设计：KAZ设计事务所　照片提供：Naccasa & Partners

098

独栋住宅的改造

设计：KAZ设计事务所　照片提供：山本MARIKO

要点　个别情况装修需要进行审批
不同结构可施工的范围也不尽相同

确认法规

独栋住宅的改造，在规划之初便应注意其工程是否需要进行审批[1]。比如10 m²以上的扩建工程、需要调整建筑结构的大规模改建、更改房屋用途的施工等，均须提前提交申请资料。

然而，有些因历史问题未取得竣工验收证明的住宅，虽然打算改造，却无法得到改造批文[2]。这种情况只能先进行无须报审部分的改造施工。另外，有些建筑物尽管初建时适用当时的相关法规，但后来因法规被修订而不再符合相关标准。类似这种"现存不合规建筑物"，原则上要按照现行法令进行设计、改造。

确认结构体系

在确认法规之后，接下来就是要确认建筑结构部分了。主要结构包括：①木结构传统工法；②2×4木结构工法；③钢结构；④钢筋混凝土框架结构；⑤钢筋混凝土剪力墙结构；⑥装配式板式住宅等。

采用木结构传统工法，可以比较自由地调整平面布置。但是如果建造2层、3层建筑则需要注意整体的重量及稳定性。必要时需要采取柱梁的补强加固措施（图1）。采用2×4木结构工法的建筑，其结构主要靠墙体支撑，所以多数情况不能改变墙体位置或破坏墙体（剪力墙），户型的改动上也因此受限较多（图2）。钢结构与木结构传统工法大致相同，但须格外注意连接部分的处理（图3）。原则上认为：钢筋混凝土结构的建筑，不可拆除混凝土部分的墙壁，但其他墙壁可自由变动（图4、图5）。至于装配式板式住宅，因每个厂家所采用的工艺和材料都不尽相同，故应根据工程具体情况加以确认（照片1、照片2）。

1　在日本，防火区域和准防火区域内，10 m²以下的增建也是需要进行审批的。这种情况必须遵守《建筑基准法》规定的建筑密度、容积率、高度、防火规定、材料、结构等。
2　因过往问题没有竣工验收证明的建筑，需要对既有建筑进行调查，只要可以证明符合建造当时的法规，也可以进行增建。若有不合规的建筑物，则会在合法状况调查之后被要求整改不合规部分，整改之后再进行增建。

图1│木结构传统工法

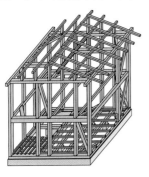

图2│2×4木结构工法

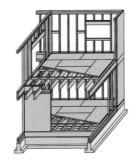

图3│钢结构

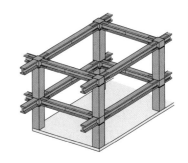

图4│钢筋混凝土框架结构

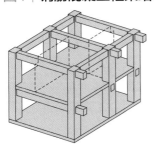

图5│钢筋混凝土剪力墙结构

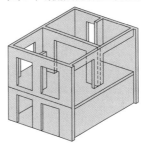

照片1│将旧民宅改造成艺术工作室的示例

设计：KAZ设计事务所　照片提供：山本MARIKO

照片2│将木造住宅的一部分翻新改造的示例

设计：KAZ设计事务所　照片提供：山本MARIKO

099

公寓的改造

设计：KAZ设计事务所　照片提供：山本MARIKO

要点　从了解可施工范围开始
通过协调，避免与邻居发生纠纷

对管理制度和竣工图纸进行确认

对公寓进行装修改造之前，必须先了解其管理制度。并且，对工程可能涉及的范围、施工时间段、日期，以及地面的隔声等级等，都要一一记录下来。一般情况下，允许施工的时间段为上午9时至下午5时。但须注意，搬运器材所需的时间往往也包括在内。另外，也有的地方规定周末不得施工，这会大大影响施工进度，对施工费用也会产生影响，必须做好事前确认工作。通常公寓的竣工图纸都会由物业办公室或物业公司保管，可以事先对其进行确认。根据竣工图纸对房屋结构、给水排水管道和排风管道的布置等进行确认，进而明确可拆除的范围（图）。

然而，由于竣工图纸与实际情形往往存在一定差异，因此必须事先对可能产生的风险加以评估，并制定相应的预案。否则，很可能对整个工程造成影响。不仅可能给业主，也可能会给左邻右舍带来麻烦。施工过程中，应格外注意与周围邻居的关系。开工之前，要公布施工通告，还要在开工前一天或施工当日一早挨家挨户地拜访和致歉。凡经批准才允许实施的工程，从始至终都要认真对待噪声扰民的问题，避免因此产生各种纠纷。因为改造之后业主还得继续住在这里，所以搞好邻里关系十分必要。

不得变更之处

公寓的改造，不得改变原有门厅及窗户的开口、配管空间（PS）、风道（DS）、结构墙、防火墙等。从这个意义上讲，制定设计方案受到一定限制。尤其对排水管道的布置，不可忽略坡度的问题，其他诸如对讲机、火灾报警器的配线等，因无法延长，故很难做较大改动。

图 | 公寓改造示例

①改造前

可以改造的墙壁
无法改造的墙壁

②改造后

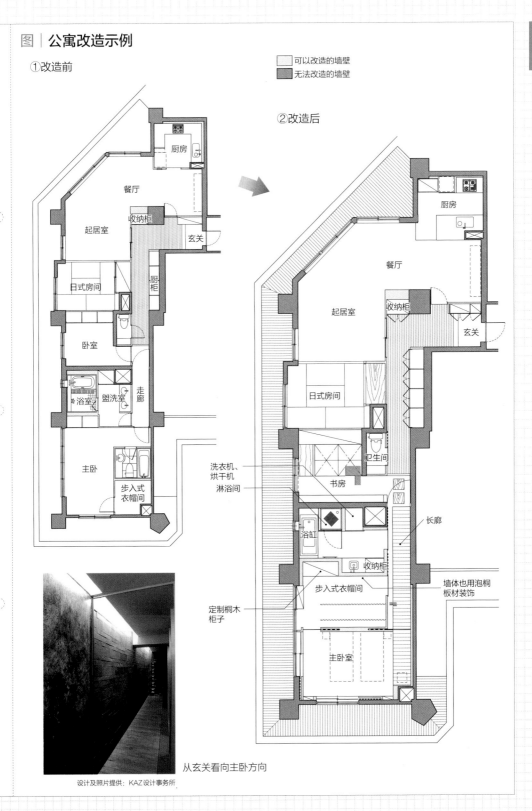

厨房

餐厅

起居室

收纳柜

玄关

日式房间

厨柜

卧室

浴室

盥洗室

走廊

主卧

步入式
衣帽间

厨房

餐厅

起居室

收纳柜

玄关

日式房间

卫生间

书房

长廊

洗衣机、
烘干机

淋浴间

浴缸

收纳柜

墙体也用泡桐
板材装饰

步入式衣帽间

定制桐木
柜子

主卧室

从玄关看向主卧方向

设计及照片提供：KAZ设计事务所

前台的设计

设计：KAZ设计事务所
照片提供：垂见孔士

不仅写字楼，医院和美发沙龙对其前台的设计也非常重视。因为前台可以体现一座设施或一家店铺的精神面貌和形象。当然不可以只考虑前台，需要将其融入整体的室内设计风格当中。有些经营者偏好豪华的设计，但是并不推荐这种设计思维。

虽说前台是门面，但徒有其表也不行，其重要的功能是加强客户和员工的信息管理。而在这方面，不同的企业规模和业态，所需要的要素也不完全一样。

上图为一家律师事务所的前台。其设计以深灰色作为基调，在绿色的前台腰墙上，覆盖了一块黄色的条板。在前台内侧，敞开式书架的搁板分别被涂成绿、黄、粉等颜色，看上去十分和谐。尽管如此，其整体呈现的暗色调并没有营造出最佳效果，而且，也很难再做进一步的改动。

或许是受到影视剧的影响，律师事务所常给人以古板和凝重的印象，而上面的设计可以让空间氛围更加清新活泼。当然，这种用色也是为了能让前台的工作人员振作精神。